国家自然科学基金（72303073）
湖北省社科基金一般项目（后期资助项目：HBSKJJ20233223）
中央高校基本科研业务费专项资金（2024WKYXQN032）
共同资助出版

共同富裕视阈下家庭金融素养的影响评估及其提升路径研究

甘 煦◎著

中国·成都

图书在版编目(CIP)数据

共同富裕视阈下家庭金融素养的影响评估及其提升路径研究/甘煦著.--成都:西南财经大学出版社,2024.9.--ISBN 978-7-5504-6403-2

Ⅰ.TS976.15

中国国家版本馆 CIP 数据核字第 20249AU445 号

共同富裕视阈下家庭金融素养的影响评估及其提升路径研究

GONGTONG FUYU SHIYUXIA JIATING JINRONG SUYANG DE YINGXIANG PINGGU JI QI TISHENG LUJING YANJIU

甘 煦 著

策划编辑:余 扬
责任编辑:王 利
助理编辑:余 扬
责任校对:植 苗
封面设计:墨创文化
责任印制:朱曼丽

出版发行	西南财经大学出版社(四川省成都市光华村街 55 号)
网 址	http://cbs.swufe.edu.cn
电子邮件	bookcj@swufe.edu.cn
邮政编码	610074
电 话	028-87353785
照 排	四川胜翔数码印务设计有限公司
印 刷	四川煤田地质制图印务有限责任公司
成品尺寸	170 mm×240 mm
印 张	11
字 数	180 千字
版 次	2024 年 9 月第 1 版
印 次	2024 年 9 月第 1 次印刷
书 号	ISBN 978-7-5504-6403-2
定 价	68.00 元

前　言

随着我国居民人均可支配收入水平的提高，家庭参与金融市场的深度和广度都有了明显的提升。考虑到家庭的金融决策是一个复杂的过程，现有研究已证实金融素养（金融知识）在信息的筛选与分析过程中发挥了关键作用，进而影响到家庭的金融行为与金融福祉。近年来，金融的不断发展与金融产品的日益复杂化也对居民的金融知识水平提出了更高的要求。因此，进一步探究金融知识的重要性与决定因素也显得愈发重要。那么，金融知识对中国家庭的金融行为有哪些影响？与其他国家相比，我国居民金融知识水平的现状如何？如何提高中国家庭的金融知识水平？本书通过运用标普全球金融知识调查（The S&P Global FinLit Survey）、中国家庭金融调查（CHFS）、中国家庭追踪调查（CFPS）以及中国城市居民消费金融调查的微观数据展开实证研究，试图从共同富裕的视角回答这些问题。

本书主要得到了以下结论：

（1）金融知识水平的提高可以显著改善家庭资产配置的有效性，并且这种效应对城市家庭更显著。进一步地，将金融知识分为主观金融知识和客观金融知识，通过分析发现投资者缺乏对自身金融知识水平的准确认知也会影响其资产配置效率，当投资者对自身金融知识水平的自信不足时，其资产配置有效性也会降低。

（2）金融知识水平的提高能够显著增加家庭财富，并且这种效应对城市家庭、东部地区家庭更显著。不同维度的金融知识对家庭财富积累的影响也呈现出明显差异，即基础金融知识对农村家庭财富水平影响更大，而高级金融知识对城市家庭财富水平影响更大。从资产选择的视角进一步研究发现，金融知识水平的提高可以帮助家庭更多地参与到金融市场，做出更加分散的资产配置，提高在金融市场上盈利的概率，进而促进家庭财富积累。此外，金融知识分布的不平等也会影响家庭财富的不平等；夏普里值分解发现，金融知识对家庭财富不平等的贡献比率约为22%，且对城市家庭财富不平等的解释力高于农村家庭。

（3）全球仅三分之一的成年人掌握了金融知识，且收入较高、受教育水平较高以及使用过金融服务的人，其金融知识水平也相对较高。我国的金融知识水平虽高于亚洲平均水平，但与全球平均水平仍有差距。无论在发达国家还是发展中国家，女性、老年人的金融知识水平均相对较低。这些差异可能来自国家之间的经济发展水平、教育水平、文化因素、法律体系、金融发展水平及金融服务使用的差异。然而，在银行账户与信用卡的持有者中，金融知识的掌握情况均不到50%。这说明，尽管金融服务对金融知识有溢出作用，但缺乏金融知识的账户持有者可能无法从其本该获得的金融服务中充分获益。此外，在我国范围内，居民的金融知识水平也存在明显的区域差距，且东部地区明显高于中西部地区。这种差异也很可能源于经济发展水平、教育水平、金融发展、法律环境、金融服务等方面的差异。

（4）普通教育对金融知识有显著的正向溢出效应，即受教育年限的提高可以显著提升居民的金融知识水平，并且这种影响在不同的人群中具有异质性，具体体现在对没有上过财经类课程、平时较少关注经济类信息的人群，男性以及城市居民更显著。此外，教育对金融知识影响的促进作用主要来源于认知能力渠道与社会资本积累渠道。也就是说，教育水平的提高会增加个体的认知能力与社会资本积累，增强个体金融信息的收集、分析与处理能力，进而促进金融知识积累并推进共同富裕。

（5）金融市场与金融服务对金融知识也有显著的正向溢出效应，即金融市场参与的增加可以显著提升居民的金融知识水平，并且这种影响在男性、年龄在50岁及以上、拥有城市户口以及居住在东部的居民中更显著。此外，家庭金融市场参与对金融知识影响的促进作用主要来源于学习效应渠道，即家庭在参与金融市场后，会通过“干中学”，更加了解金融市场并积累金融知识，推进共同富裕。

本书的贡献主要体现在以下五个方面：

第一，结合中国实际情况进一步完善了衡量家庭资产配置有效性的夏普比率指标的构建方法，充实了投资组合理论在中国家庭金融领域的相关研究。

第二，在建立财富回归方程的基础上，运用夏普里值分解方法探讨了金融知识对家庭财富不平等的影响。

第三，使用标普全球金融知识调查数据与国内微观数据，比较了金融知识水平的国别差异以及国内地区差异，并分析了其背后的原因。

第四，结合我国国情，首次提出从教育水平的角度来提高居民金融知识水平的方案，并验证了两者间的正向因果效应，还通过认知能力渠道与社会资本积累渠道进一步探究了两者间具体的影响机制。

第五，结合我国国情，首次提出从金融市场与金融服务的角度提高居民的金融知识水平，并验证了金融市场参与对金融知识的正向因果效应，还通过学习效应（干中学）渠道进一步探究了两者间具体的影响机制。

甘 煦

2024 年 6 月

目录

1 导论

1.1 研究背景与研究意义

（1）研究背景

改革开放以来，中国经济取得了举世瞩目的成就，居民人均可支配收入水平不断提高，家庭总体生活水平得到了较大的改善。与此同时，家庭对金融的需求也有了明显的增长。随着中国金融市场的不断扩大和深化，中国家庭财富中金融资产的比例迅速提高，金融决策对财富积累的重要性日益凸显。例如，近年来，我国理财投资者队伍不断壮大，2022 年银行理财投资者达到 9 671.27 万人，较前一年增长 19.88%，其中个人投资者占比超过 99%①。

然而，由于金融决策的复杂性（尤其是投资决策），家庭需要具备一定的信息搜集与处理的能力。现有研究已证实，金融知识对信息的搜寻与处理有重要影响（Van Rooij et al., 2011；尹志超 等，2014 ；Chu et al., 2016；吴卫星 等，2018；张龙耀 等，2021）。具体而言，金融知识有助于居民理解金融市场和金融产品的收益和风险等特征，减少人们进行投资时的信息搜寻和信息处理成本，从而提高居民投资决策的正确性，降低错误决策的概率。随着金融产品的多样化和复杂化，金融知识的重要性显得尤为突出。2015 年年底，国务院办公厅发布了《关于加强金融消费者权益保护工作的指导意见》，首次从国家层面对金融消费权益保护提出具体规定；随后，中国人民银行在 2016 年开展“金融知识普及月”活动，旨在推动金融消费者教育和金融知识普及工作。近几年，随着互联网金融的快速发

① 数据来源：中国银行业协会发布的《中国银行业理财市场年度报告（2022）》。

展，许多在校大学生由于缺乏金融知识，落入金融骗局，造成严重损失。2021 年全国两会上，有全国人大代表建议对大学生开展金融知识普及教育，该议案引起了广泛的关注与讨论。

中国家庭的金融知识水平普遍较低，且存在较大的差异（尹志超 等，2014；廖理 等，2019；Niu et al.，2020；Zhou et al.，2023）。许多研究已经证实了金融知识缺乏的严重后果，包括更容易犯金融错误（Agarwal et al.，2009）、储蓄减少（Bell et al.，2005）、未能制订退休计划（Lusardi et al.，2011）、更依赖债务（Lusardi et al.，2009）、财富积累较少（Stango et al.，2011）、更可能经历破产（Lusardi et al.，2017）等。此外，金融知识的缺乏还会带来宏观经济后果，如财富分配不平等加剧、商业周期恶化、工作生产率降低、资本市场无效运作等（Greenspan，2003；OECD，2005；Mandell et al.，2009；Lusardi et al.，2017；Klapper et al.，2020；Haliassos et al.，2020）。

基于此，金融知识很可能通过改变家庭的金融行为对中国家庭的金融福祉产生重要影响。那么，金融知识对中国家庭的金融行为有哪些影响？与其他国家相比，我国居民金融知识水平的现状如何？如何提高中国家庭的金融知识水平？本书将试图回答这些问题。

（2）研究意义

本书研究了金融知识对家庭金融行为的影响以及如何提高金融知识水平，这既是家庭金融研究中的重要议题，又是当下的政策重点。因此，本书具有以下两方面的意义。

第一，理论意义。本书在学术上增进了对于金融知识重要性的理解以及对于金融知识决定因素的认识。作为人力资本的重要组成部分，金融知识对于家庭的投资、借贷、养老计划、储蓄和创业等一系列经济金融行为具有重要的引导作用（Bucher-Koenen et al.，2011；Lusardi et al.，2011；Van Rooij et al.，2011；Disney et al.，2013；Jappelli et al.，2013；Duca et al.，2014；Brown et al.，2016；Chu et al.，2016；尹志超 等，2014，2015；张号栋 等，2016；吴卫星 等，2018，2019；Niu et al.，2020；Wang et al.，2021）。因此，金融知识的差距可能引致不同的家庭行为，而这些行为最终将影响家庭的金融福祉。本书基于微观家庭调查数据，进一步研究了金融知识对家庭资产配置有效性与财富不平等的影响，拓展了金融知识重要性的相关研究。

此外，考虑到现有文献大多集中于研究金融知识对家庭行为决策的影响，而仅有少数几篇文献讨论了金融知识的决定因素，如社会人口学特征、早年认知能力、儿童时期的特征与文化因素（Lusardi et al.，2010；Herd et al.，2012；Grohmann et al.，2015；Brown et al.，2018）。本书研究了教育水平与金融市场参与对金融知识的影响，这也在一定程度上丰富了金融知识决定因素的相关研究成果。

第二，现实意义。本书也为如何提高居民的金融知识水平提供了新的视角，为职能部门制定普及金融知识的政策提供了微观依据。考虑到金融知识缺乏对家庭行为决策的负面影响，发达国家对此的应对措施是开展金融教育课程。随着金融教育课程在发达国家中的陆续开展，现有关如何提高金融知识的研究也集中于通过追踪课程参与者的金融知识水平与后续金融行为，考察金融教育课程的有效性（Herd et al.，2012；Cole et al.，2014；Brown et al.，2016；Kaiser et al.，2017）。然而，这些研究目前并未达成一致结论。考虑到作为一个发展中国家，我国在短期内无法像发达国家一样大范围开展专项金融教育课程，并且此类课程的有效性至今仍存在争议。因此，本书结合中国国情，研究了普通教育以及金融市场参与对金融知识的影响，为职能部门推进金融知识普及提供政策参考。

1.2 关键概念界定

（1）金融知识的定义

对金融知识（financial literacy）进行准确定义是测度它的前提。尽管Schuchardt等（2009）呼吁应该给金融知识一个统一的定义，但许多学者对金融知识的定义却不尽相同。Noctor等（1992）首次明确定义了金融知识，他们认为金融知识能够帮助消费者做出明智的判断，并帮助他们在资金的运用和管理方面做出有效的决策。这个定义以消费者的能力为中心，侧重于他们的判断和决策。该定义也因其灵活性被后续的部分研究使用（Schagen et al.，1996；Beal et al.，2003；Worthington，2004、2006；ANZ，2008）。

Vitt等（2000）对金融知识中包含的技能与能力进行了更具体的描述，他们认为与个人金融状况有关的阅读、分析、管理与交流能力会影响福利水平。Kim（2001）、Bowen（2003）、Courchane 等（2005）则从知识的角度对金融知识加以定义。Cude 等（2006）认为金融知识包括了制订投资决策与未来规划的能力。Dane 等（2007）基于 Graham 的定义，将金融知识解释为在复杂的金融世界中理解、交流、计算与独立分析的能力。

此外，Jump $ tart 个人金融知识联盟认为金融知识应包括知识、技能与行为，即上述三点可以帮助投资者有效配置财富资源以提高终身效用。美国总统金融知识咨询委员会①（2008）以及部分文献均采用了这一更为全面的定义。

（2）金融知识的测度

尽管许多研究都认为金融知识不仅仅包含了知识水平，但对金融知识的测度大多都是从对知识水平的衡量开始。大部分研究者通过构建包含四个选项的问题测度了受访者对金融概念的了解情况，例如 Chen 等（2002）、Beal 等（2003）、Worthington（2004）、Lusardi 等（2008）。部分研究还建议通过增加“不知道”的选项来减少受访者被迫猜对正确选项的可能性（Manton et al.，2006；Lusardi et al.，2008，2011；Van Rooij et al.，2011）。

在所有对金融知识的测度方法中，Lusardi 等（2011）提出的对消费者金融知识水平的客观测度方法因其标准化与一致性被应用得最广。为了评估受访者的金融知识水平，Lusardi 等（2011）在美国老年人健康与养老调查（HRS）中设计了几个关于经济与金融基本概念的问题，如利率计算、通货膨胀理解、风险分散认知，以考察受访者对这些日常生活中会接触到的金融概念的理解程度。设计这些问题的背后逻辑在于，一个有金融知识的人应该对基本的财务金融概念有一些了解，并有能力进行简单的金融财务计算。

随后，许多微观调查都基于 Lusardi 等（2011）提出的上述度量方式设计了具体的金融知识问题，例如德国 SAVE 调查、新西兰 ANZ 退休委员会金融知识调查、荷兰 DNB 家庭调查、瑞典金融知识调查、中国家庭金融调查（CHFS）、中国家庭追踪调查（CFPS）、标普全球金融知识调查（The S&P Global FinLit Survey）等。

对于金融知识指标的构造，现有研究均采用将所有金融知识问题整合

---

① The U.S. President's Advisory Council on Financial Literacy，隶属美国财政部。

成一个具体量化指标的构造思想。具体地，大部分研究采用了受访者正确回答的金融知识问题总数作为度量指标，例如 Moore（2003）、Worthington（2004）、Agnew 等（2005）、Atkinson 等（2006）、Borden 等（2008）、Guiso 等（2008）。为了进一步区分直接回答与间接回答，Van Rooij 等（2011）、Lusardi 等（2011）、尹志超等（2014）采用了因子分析的方法构造了维度更广的金融知识指标。此外，也有学者考虑到不同金融知识问题的难度，选择对金融知识问题进行加权来构造指标（Kempson，2009）。

综上所述，本书主要采用目前运用最广的因子分析法以及评分加总法（正确回答的金融知识问题总数），结合微观调查问卷中的客观金融知识测度问题构造了文中的重点关注变量——金融知识指标。

1.3 研究思路与研究框架

本书以家庭金融研究中的一个重要话题“金融知识”作为切入点，在梳理了国内外相关文献的基础上，确定了文章的研究问题与研究框架。

在实证研究中，首先分析了金融知识的重要性，即金融知识对家庭金融行为的影响，具体体现在对家庭资产配置有效性以及财富不平等上。相比于家庭其他的金融行为，资产配置有效性与财富不平等更具有研究价值。其次，从全球视角分析了金融知识水平的现状与国际国内差异。基于金融知识的重要性以及国际现状，结合我国实际情况，进一步探讨了如何提高金融知识，即通过研究普通教育与金融市场参与对金融知识的影响，为如何提高我国居民的金融知识水平开辟了具有启发意义的新视角。此外，文中选用的标普全球金融知识调查（The S&P Global FinLit Survey）、中国家庭金融调查（CHFS）、中国家庭追踪调查（CFPS）以及中国城市居民消费金融调查数据也为研究设计提供了充分的微观数据支持并夯实了研究基础。最后，基于上述研究结果，提出了相应的政策建议。本书主要研究思路与研究框架如图 1-1 和图 1-2 所示：

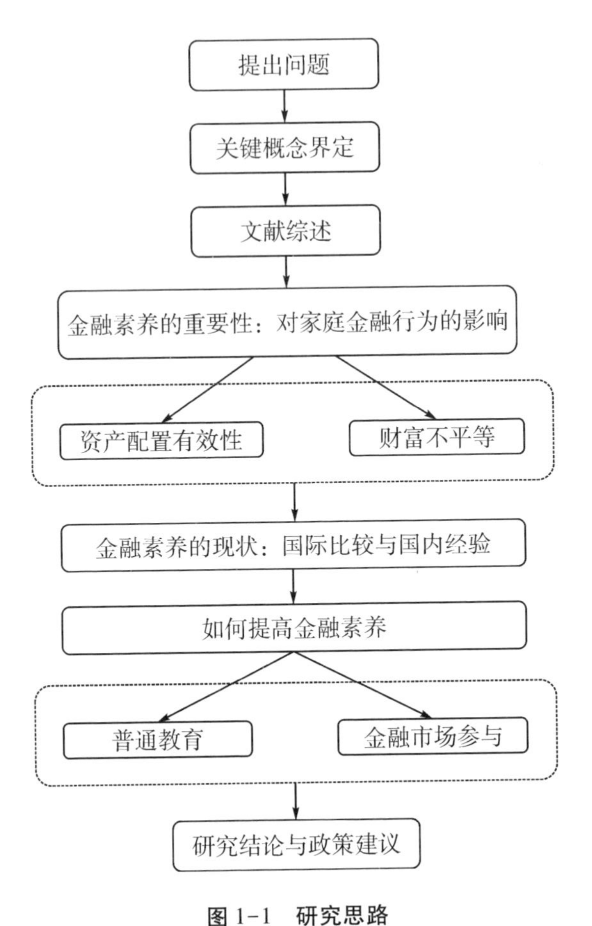
提出问题
关键概念界定
文献综述
金融素养的重要性：对家庭金融行为的影响
资产配置有效性
财富不平等
金融素养的现状：国际比较与国内经验
如何提高金融素养
普通教育
金融市场参与
研究结论与政策建议

图 1-1　研究思路

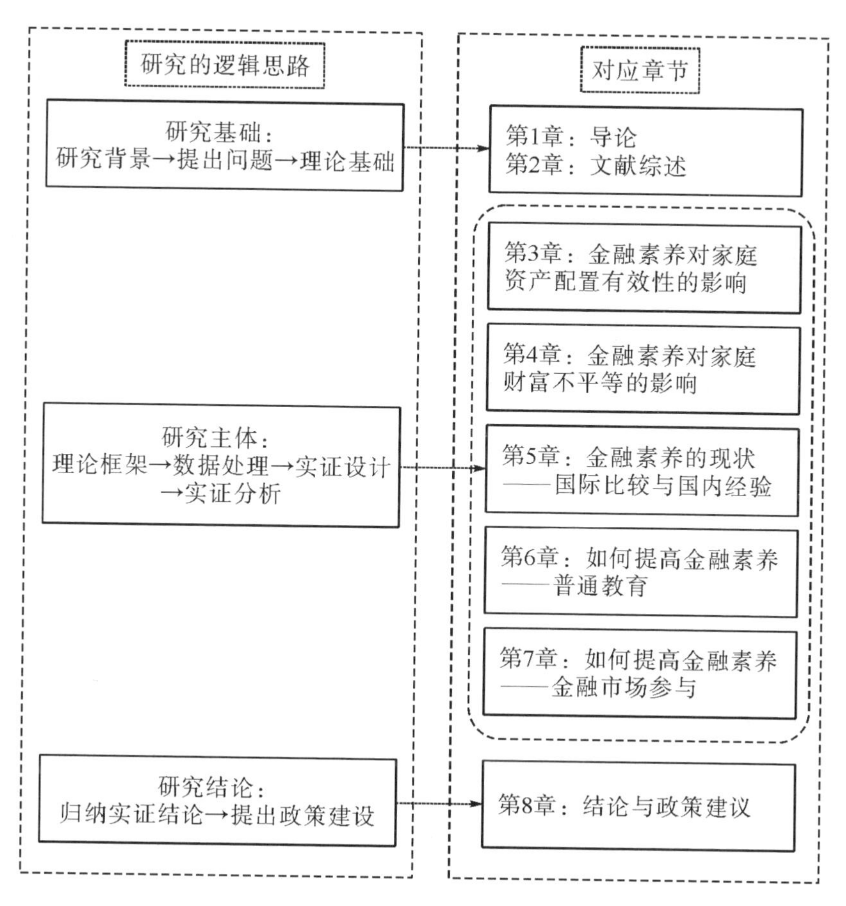

图 1-2　研究框架

1.4　研究方法

本书主要运用以下四种研究方法展开研究：

（1）文献研究法

在研究正式开始前，笔者进行了大量相关文献的梳理工作。首先，详细梳理了金融知识的相关文献，具体包括金融知识对金融行为的影响以及金融知识的决定因素这两大分支。其次，梳理了家庭资产配置以及财富不平等的相关文献。通过梳理文献，掌握了研究进展，并发现了现有研究的不足之处，帮助确定本书研究方向以及厘清本书研究思路。

（2）调查分析法

本书主要借助于现有的金融知识微观调查数据，围绕居民金融知识水平对金融行为的影响以及金融知识的决定因素进行了深入研究。本书用到了目前国内外可使用的全部金融知识微观调查数据库，即标普全球金融知识调查（The S&P Global FinLit Survey）、中国家庭金融调查（CHFS）、中国家庭追踪调查（CFPS）以及中国城市居民消费金融调查，并结合每个数据库的特点、优势进行具体的研究设计。

标普全球金融知识调查（The S&P Global FinLit Survey）是目前唯一可得的全球范围内覆盖国家最广的标准化金融知识微观调查数据，并且首次将各国居民的客观金融知识水平进行可量化的比较。因此，本书将其用于金融知识水平的国际比较研究中。

中国家庭金融调查（CHFS）是国内覆盖范围最广的金融知识客观评价调查数据，并且2013年与2015年的调查是目前国内唯一能够形成可比面板数据的两期金融知识调查。基于此，本书将其作为实证研究的主数据，用于本书第3至第7章。

中国家庭追踪调查（CFPS）中仅有两期包含了对金融知识水平的客观测度，且仅2014年的调查测度了受访者的基础金融知识与高级金融知识。基于此，本书将其作为补充数据用于金融知识对家庭财富不平等的研究中，并探讨了不同层次金融知识对家庭财富不平等的影响。

中国城市居民消费金融调查是以中国城市居民为调查对象的消费金融微观调查。相比于其他调查，该调查中家庭金融资产的数据质量较高，适合进行家庭资产配置的研究分析。此外，该调查也提供了金融知识水平的主观测度，可用于比较主观金融知识与客观金融知识差异对家庭资产配置效率的影响。基于此，本书将其作为补充数据用于金融知识对家庭资产配置有效性的研究中。

上述四个微观调查数据库为本书的实证研究部分夯实了数据基础。

（3）比较研究法

比较研究法指的是根据事物间的相似性与差异程度，对两个或多个相关联的事物进行比较分析。本书借助于比较研究法从全球与国内地区的视角探讨了金融知识的差异。具体地，本书基于国际与国内微观调查数据，使用比较研究的方法，探究了金融知识水平在国家层面与国内地区层面的差异以及背后的原因。

（4）定量分析法

在实证研究部分，本书通过运用计量模型与统计方法对微观调查数据进行了定量分析。具体地，在构建金融知识的指标时，运用了因子分析的方法；在分析金融知识的影响时，采用了 Probit 模型、Tobit 模型；在研究金融知识的具体决定因素时，采用了固定效应模型与最小二乘估计（OLS）；在解决内生性时，通过构造工具变量并结合 IV-Probit 模型、IV-Tobit 模型以及两阶段最小二乘估计（2SLS）纠正了内生性的影响。

1.5 创新之处

随着我国居民人均可支配收入水平的提高，家庭参与金融市场的深度和广度都有了明显的提升。考虑到家庭的金融决策是一个复杂的过程，现有研究已证实金融知识在信息的筛选与分析过程中发挥了关键作用，进而影响到家庭的金融行为与金融福祉。近年来，金融业的不断发展与金融产品的日益复杂也对居民的金融知识水平提出了更高的要求。因此，本书通过运用国际与国内的微观调查数据展开实证研究，进一步探究了金融知识的重要性、现状以及如何提高中国家庭的金融知识水平。

本书的研究表明，金融知识水平的提高可以显著改善家庭资产配置的有效性、增加家庭财富，而金融知识分布的不平等也会影响家庭财富的不平等，且基础金融知识与高级金融知识对家庭财富不平等的贡献比率不同。尽管金融知识对家庭的重要性愈发凸显，但是世界范围内金融知识的现状却并不乐观。全球仅三分之一的成年人掌握了金融知识，我国的金融知识水平仍低于全球平均水平，并存在明显的区域差距。全球以及国内的证据均表明金融知识的差异很可能源于地区经济发展水平、教育水平、金融发展、金融服务等方面的差异。因此，考虑到我国仍是一个发展中国家，现阶段教育水平与发达国家存在一定差距，且我国金融市场体量大，在未来还会进一步发展壮大，服务能力也会不断提高，本书从教育水平与金融市场、金融服务的角度探讨了如何提高我国居民的金融知识水平。相应的实证结果表明，普通教育与金融市场、金融服务对居民的金融知识水平有显著的正向溢出效应。

本书的创新点主要体现在以下三个方面：

第一，在研究视角上，本书结合我国国情，创新性地从普通教育与金融市场参与的视角研究了如何提高我国居民的金融知识水平，拓展了现有文献对金融知识决定因素的研究。现有文献已证实金融知识缺乏对家庭行为决策的负面影响。然而，目前关于金融知识决定因素的研究相对较少，且发达国家倾向于通过开展金融教育课程来提高居民的金融知识水平。考虑到金融教育课程在发展中国家的实施难度以及对其有效性仍存在争议，因此金融教育课程短期内在我国无法广泛开展，也并不适合我国国情。基于此，本书通过研究普通教育与金融市场参与对居民金融知识水平的影响，为如何提高我国居民的金融知识水平开辟了具有启发意义的新视角。

第二，在研究内容上，本书创新性地从金融知识的重要性、金融知识的现状以及如何提高金融知识水平逐层递进地展开研究。首先，从资产选择的视角出发，分析了金融知识对家庭金融行为的影响，具体体现在资产配置有效性以及财富不平等上，并且本书也是首次探究了金融知识对我国财富不平等的影响，为治理我国的财富不平等状况提供了新思路。其次，从全球视角分析了金融知识水平的现状与国际国内差异。最后，基于金融知识影响因素的国际与国内微观证据，结合我国实际情况，进一步探讨了如何提高我国居民的金融知识水平。

第三，在研究方法上，本书也有一定的创新。在指标测度上，结合中国实际情况，进一步完善了衡量家庭资产配置有效性的夏普比率指标的构建方法。在数据使用上，首次将标普全球金融知识调查数据与国内微观数据结合，比较了金融知识水平的国别与国内地区层面差异，并分析了其背后的原因。此外，结合国内现有金融知识微观调查的各自特点与优势，对本书的研究课题进行了具体的研究设计。在计量方法上，一方面，运用夏普里值分解方法探讨了不同层次金融知识水平对家庭财富不平等的影响；另一方面，运用面板数据固定效应模型，探究了金融市场与金融服务对居民金融知识水平的正向溢出效应，并结合工具变量法缓解了两者间潜在的内生性问题。

1.6 贡献与不足

金融知识的微观调查直到21世纪初才出现，因此金融知识的相关研究仍是一个较新的学术研究领域。考虑到国内金融知识的微观调查起步较晚，相关研究仍相对较少。因此，本书研究丰富了金融知识的文献，也是对现有金融知识研究的有益补充。具体地，本书的贡献可以归纳为以下五点：

第一，结合中国实际情况进一步完善了衡量家庭资产配置有效性的夏普比率指标的构建方法，充实了投资组合理论在中国家庭金融领域的相关研究。

第二，在建立财富回归方程的基础上，运用夏普里值分解方法探讨了金融知识对家庭财富不平等的影响。

第三，使用标普全球金融知识调查数据与国内微观数据，比较了金融知识水平的国别差异以及国内地区差异，并分析了其背后的原因。

第四，结合我国国情，首次提出从教育水平的角度来提高居民金融知识水平，并验证了两者间的正向因果效应，还通过认知能力渠道与社会资本积累渠道进一步探究了两者间具体的影响机制。

第五，结合我国国情，首次提出从金融市场与金融服务的角度来提高居民的金融知识水平，并识别了金融市场对金融知识的溢出作用，还通过学习效应（干中学）渠道进一步探究了两者间具体的影响机制。

此外，本书仍存在一些不足之处。具体体现在：①受到数据可得性的限制，文中使用的微观调查中缺乏家庭详细的金融资产账户数据，故不得不以一种平均化的思路来计算家庭金融资产投资组合的夏普比率；②受到数据可得性的限制，在探究金融市场参与对金融知识的影响时，没有找到与现有数据结构匹配的合适外生冲击来构造工具变量，不得不选择相对粗糙的识别策略。

1.7 内容安排

本书首先研究了金融知识对家庭资产配置以及财富不平等的重要影响；随后从全球与国内区域视角分析了金融知识水平的国际与国内差异，并讨论了背后的原因；最后，结合我国实际情况，通过研究教育水平与金融市场参与对金融知识的影响，为如何提高我国居民的金融知识水平开辟了具有启发意义的新视角。全书共分为 8 章，各章主要内容如下：

第 1 章，导论。本章介绍了本书的研究背景与研究意义、关键概念（金融知识，即金融素养）的界定、研究思路与研究框架、研究方法、创新之处、研究的贡献与不足以及内容安排。

第 2 章，文献综述。首先本章概述了与本书联系最为紧密的金融知识相关文献，即金融知识影响金融行为以及金融知识决定因素的相关文献。随后本章分别回顾了家庭资产配置以及财富不平等的相关文献，最后进行了总体文献评述。

第 3 章，金融素养对家庭资产配置有效性的影响。本章基于 2015 年的中国家庭金融调查，构造了符合我国国情的家庭资产配置效率度量指标，即投资组合的加权夏普比率。进一步地，结合 2012 年中国城市居民消费金融调查中的金融知识主观与客观测度问题，研究了投资者对自身金融知识水平的认知差异是否也会影响其资产配置效率。此外，本章对研究结果还进行了内生性纠正与稳健性检验。

第 4 章，金融素养对家庭财富不平等的影响。本章使用中国家庭金融调查 2015 年的数据，研究了金融知识对财富积累的影响。随后，通过构造工具变量处理了内生性的问题，将总样本按城乡与区域划分进行了异质性检验，并对背后的影响机制进行了分析。此外，结合 2014 年中国家庭追踪调查数据，研究了不同维度金融知识（基础金融知识与高级金融知识）对家庭财富的影响。最后，运用基于回归的夏普里值分解方法探究了金融知识对财富不平等的影响。

第 5 章，金融素养的现状：国际比较与国内经验。本章首先使用标普全球金融知识调查数据，通过构造金融知识的全球统一度量指标，比较了金融知识水平的国别差异与人口统计学差异。在此基础上，进一步探究了金融知识水平国家层面差异背后的原因，并结合国家层面的回归分析结果再次检验了国家层面的影响因素。此外，结合我国微观数据，本章还分析了金融知识水平的国内现状、区域差异及其背后的可能原因。

第 6 章，如何提高金融素养：普通教育。本章使用 2015 年中国家庭金融调查数据，围绕义务教育法实施构造工具变量，检验了教育水平与居民金融知识间的因果关系。进一步地，通过认知能力渠道与社会资本积累渠道探究了具体的影响机制，并进行了一系列稳健性检验。

第 7 章，如何提高金融素养：金融市场参与。本章使用中国家庭金融调查 2013 年与 2015 年的数据，通过面板数据固定效应模型，检验了金融市场对金融知识的溢出作用，并通过构造工具变量纠正了内生性。随后，还进行了一系列稳健性检验与影响机制分析，即通过学习效应（干中学）渠道分析了具体的影响机制。

第 8 章，结论与政策建议。本章总结了本书的研究结论，即金融知识的重要性、现状与决定因素。基于此，为如何普及金融知识、增进居民金融福祉提出了政策建议，还指出了未来的研究方向。

2 文献综述

本书通过研究金融知识对家庭资产配置以及财富不平等的重要影响，体现了金融知识在家庭金融行为中的重要作用；同时结合我国实际情况，通过研究教育水平与金融市场参与对金融知识的影响，为如何提高我国居民的金融知识水平开辟了一个具有启发意义的新视角。因此，本章首先概述了与本书联系最为紧密的金融知识影响金融行为以及金融知识决定因素的相关文献，随后还分别回顾了与本书有关的家庭资产配置以及财富不平等的相关文献，旨在为后文研究奠定文献基础。最后，本章在对上述文献深入分析的基础上，进行了总体评述。

2.1 金融素养相关文献综述

总体上，金融素养（金融知识）的相关研究以实证研究为主。由于这类研究极大地依赖于对家庭金融知识水平的调查数据，而相关调查直到21世纪初才出现，因此金融知识的相关研究仍是一个较新的学术研究领域。但是，家庭在金融市场中所呈现出的与传统理论相悖的行为（如2008年金融危机中被观测到的过度负债），凸显了家庭金融知识的缺乏以及普及金融知识的重要性。因此，近年来金融知识的相关研究也得到了迅猛发展。金融知识的研究主要分为以下两大分支：金融知识对金融行为的影响以及金融知识的决定因素。

（1）金融知识影响金融行为的文献综述

随着家庭金融的发展，近年来，国内外学者们对家庭金融行为的研究方兴未艾。作为一种重要的能力，金融知识在家庭金融决策中的贡献日益凸显，且受到了广泛关注。现有的实证研究表明，金融知识对家庭经济金融行为的重要影响主要体现在以下三个方面：

第一，投资行为。Hastings 等（2008）指出金融知识的缺乏会阻碍投资行为。通过研究美国家庭的投资组合，Goetzmann 等（2008）发现投资组合缺乏多样性的家庭相对缺乏金融知识，这也说明了投资者的金融知识水平显著影响了其投资组合的多样性。Van Rooij 等（2011）发现家庭参与股票市场的意愿会随着金融知识的提高而显著提升。Klapper 等（2013）与 Bucher-Koenen 等（2014）都发现，金融知识有助于家庭减小金融危机带来的损失。Von Gaudecker（2015）通过详细的调查数据研究发现金融知识可以帮助家庭实现资产组合分散化并获得较好的投资回报。Bianchi（2018）通过将金融知识调查数据与法国某金融机构的大型交易数据匹配，研究了金融知识与家庭资产组合间的动态关系。研究发现，当预期回报率更高时，金融知识水平较高的家庭会持有更多的风险资产，并在一段时间内保持资产风险敞口的稳定。

第二，借贷行为。Stango 等（2009）发现对复利掌握较差的家庭不合理负债的可能性更高，这是因为这些人更容易错误估计贷款成本。金融知识水平也会影响家庭的借贷方式，Disney 等（2013）发现金融知识水平越低的家庭对信贷市场了解越少，越有可能通过信用卡进行借贷；而金融知识水平较高的受访者则被发现更可能从正规金融机构借款（Klapper et al.，2013）。Lusardi 等（2015）发现对债务理解较差的家庭会有更高的借款成本，进而背负更重的债务负担；Brown 等（2016）指出接受过金融教育的青年呈现出更高的信用水平和更理性的信贷行为；Gathergood 等（2017）利用英国的家庭微观调查数据发现金融知识水平较低的年轻房主承担了更大的抵押贷款债务，也更有可能使用抵押贷款产品。

第三，养老规划。Bucher-Koenen 等（2011）和 Lusardi 等（2011）都发现，金融知识有助于居民进行养老规划，金融知识水平较低的人由于不够合理的退休养老规划，进而财富积累也较少。Fornero 等（2011）运用意大利的微观数据，发现了金融知识对居民的养老保险计划参与有显著影响。Ahmed 等（2018）的研究指出，金融知识的缺乏会导致居民个人退休账户的次优决策，如无法合理分散投资等。

受限于金融知识相关数据的可得性，国内对金融知识的研究主要是从 2010 年以后开始。同样地，金融知识会影响家庭的投资与借贷行为也被证实。尹志超等（2014）发现，金融知识水平的提高可以显著促进家庭参与股票市场，并且在参与后积累的投资经验也将帮助家庭获利；曾志耕等

（2015）还证实了家庭投资组合的多样性会随金融知识而提高；张号栋、尹志超（2016）发现金融知识可以显著降低家庭金融排斥的概率，尤其体现在家庭投资类产品上；进一步的研究还发现，金融知识水平也会提高家庭资产组合的有效性（吴卫星 等，2018）。在借贷行为上，金融知识也被证实会帮助提高家庭的正规信贷需求与申请贷款的积极性（宋全云 等，2017）；吴卫星等（2018、2019）发现金融知识水平的提高有助于减少过度负债以及有效降低家庭的综合贷款利率，他们的研究也均证实了金融知识水平更高的家庭会更倾向于通过正规渠道借款。

此外，金融知识也被证实会影响其他行为。尹志超等（2015）指出金融知识显著影响家庭的创业行为，尤其是家庭的主动创业；秦芳等（2016）与吴雨等（2017）的研究发现金融知识会影响居民家庭保险的参与行为，具体表现为参保可能性的提高；王正位等（2016）的研究发现金融知识对低收入家庭的阶层跃迁有正向促进作用；吴雨等（2016）与尹志超等（2017）均证实了金融知识也会促进家庭的财富积累；吴锟、吴卫星（2018）发现金融知识水平高的家庭使用信用卡的可能性更大；尹志超等（2019）还发现金融知识对互联网金融参与有显著的促进作用，具体表现在对互联网理财参与深度的促进上；郭峰等（2020）指出提升金融知识水平有助于激活个体的潜在金融需求；张龙耀等（2021）发现金融知识也是影响农户数字金融行为响应的重要因素。

近年来，除了实证研究上的进展，金融知识的相关理论研究也有所突破。Delavande 等（2008）将金融知识的获取成本引入到了一个由风险资产与无风险资产构造的两期资产组合模型中；Jappelli 等（2013）将金融知识当作一个内生变量构建到了两期与多期生命周期模型中，并发现金融知识与储蓄和财富水平呈现出正相关。Lusardi 等（2017）通过构造包含金融知识积累的消费与资产选择动态随机跨期模型，发现了金融知识水平会随着时间推移而降低，但可以通过金融教育加以补充，并指出更高的金融知识水平会导致更高的投资回报以及家庭财富不平等，进而金融知识的缺乏也会对一部分人产生较大的福利损失。

（2）金融知识决定因素的文献综述

现有文献大多集中于研究金融知识对家庭行为决策的影响，仅有少数几篇文献发现，社会人口学特征、早年认知能力、儿童时期的特征以及文化会影响金融知识。其中较为突出的研究有：Lusardi 等（2010）运用美国微观调查数据发现社会人口学特征（如性别、种族）会影响金融知识水平；Herd 等（2012）的研究则发现居民早年认知能力也会影响其长大后的金融知识水平；Grohmann 等（2015）运用泰国曼谷的调查数据发现儿童时期的特征也会对长大后的金融知识水平产生影响；Brown 等（2018）运用瑞士境内德语区与法语区的地理分割识别了文化对金融知识的影响。Jacobs（2020）通过构造包含金融知识的生命周期模型，发现了利率不确定性会影响家庭的金融知识投资。

面对全球范围内的金融知识缺乏问题，许多国家的政府采取了一系列措施。其中，一个重要的应对措施就是普及金融教育（financial education program）。金融教育方案已在许多国家以不同的形式推广，例如纳入高中课程体系（Bernheim et al.，2001；Sherraden et al.，2007；Mandell，2008）、在工作场所推广（Bernheim et al.，2003）、在银行等金融机构推广（Braunstein et al.，2002）以及基于广告和网络的推广方案。然而，迄今为止，对这些推广方案的总体评估显示，金融教育对提高金融知识水平、改变金融行为的作用仍有限（Braunstein et al.，2002；Lyons et al.，2006；Mandell，2008）。

Braunstein 等（2002）的调查显示，采取特定目标导向的金融教育课程对提高金融知识水平、影响金融行为有积极作用，例如旨在改善住房所有权（Hirad et al.，2001）、改善退休计划参与度（Bayer et al.，2009；Lusardi et al.，2017）或提供信贷咨询的课程（Elliehausen et al.，2003）。然而，其他研究也发现了相反的结论，例如退休研讨会被证实在改变财务行为方面是无效的（Madrian et al.，2001；Duflo et al.，2003；Choi et al.，2006）。此外，Braunstein 等（2002）也发现，旨在提高目标用户整体金融知识水平的一般性金融课程，成功性有限。例如，Mandell（2008）通过一项全国性的高中生金融知识调查发现，参加过一整个学期的个人金融课程体验者的金融知识水平并没有提高。Mandell 等（2009）的研究发现，在调查期前几年就接受过财务管理课程的学生并没有比未接受过该课程的学生更具金融素养，且表现出更好的金融行为。相反地，Mandell（2009）发现，如果大学生在高中时期学习过一个学期的财务管理课程，那么他们后续的信用卡使用行为、支票使用行为均会得到改善，并且他们的储蓄率也会提高。

近年来，随着金融教育课程在发达国家中的陆续开展，国外有部分学者深入评估了金融教育课程对参与者的金融知识水平以及后续金融行为的影响。其中较为突出的研究有：Lührmann 等（2015）通过研究短期金融教育计划对德国高中生的影响，发现该培训提高了青少年对金融问题与金融知识的兴趣；Brown 等（2016）通过调查金融培训对美国年轻人早期债务的影响，发现金融教育提升了受访者的金融知识水平，减少了他们对学生债务的依赖，并改善了还款行为；但是，Cole 等（2014）的研究发现个人理财课程并没有明显作用。

因此，目前研究对于金融教育课程的有效性还未达成共识，且金融教育课程大多都在发达国家开展，鲜少有来自发展中国家的证据（Zhang et al.，2021；Gui et al.，2021）。

此外，尽管金融教育在提高金融知识水平方面的效果有限，但一些研究发现，参与金融市场或使用金融产品的经验可以帮助人们更容易接受金融教育。Bradley 等（2001）发现，金融教育课程参与者学习的主要困难来自财务经验的缺乏。Weiner 等（2005）发现，针对破产者的金融教育项目可以显著改善破产者的金融行为。Mandell（2008）发现，参与股市游戏会使受访者的金融素养提高 6%~8%。Frijns 等（2014）通过在新西兰开展的随机实验发现，现有金融教育课程的有限效果可能源于课程设计上的不足，即注重课程讲授而忽略了参与者的金融产品使用体验。相比之下，他们样本中拥有更多金融产品使用经验的人可以通过后期更多地自主学习掌握更多金融知识。上述研究表明，金融经验可以使人们更容易接受金融教育，从而提高金融知识水平，改善金融行为。

2.2 家庭资产配置相关文献综述

风险资产投资组合的配置问题是家庭参与金融市场后需要面临的一个重要问题，因此如何有效配置家庭资产得到了学界广泛的讨论。大部分相关研究都基于经典投资组合理论（Markowitz，1952），逐步放宽假设条件，以更好地描述现实世界的现象。

国内外学者主要通过宏观与微观两个层面来研究家庭资产配置的有效性。在宏观层面，秦丽（2007）比较了中国利率市场化改革前后居民金融资产结构的变化，发现居民持有的投资组合多样化趋势十分缓慢。利用来源于中国人民银行的金融资产年度数据，孔丹凤等（2010）发现家庭收入和部分金融资产风险会影响中国家庭的金融资产选择行为。利用《中国人民银行年报》中住户部门的金融资产流量数据，徐梅等（2014）研究发现家庭的金融收益与金融风险主要分别受到利率与 GDP、CPI 的影响。在微观层面，大部分国外学者关注于如何量化资产配置效率。由于家庭详细的金融资产信息并不具有很强的可得性，并且金融资产种类较多难以用统一口径直接量化，因此选取代表性金融资产以计算资产配置效率被广泛应用。Flavin 等（2002）通过构建包含了国库券、国债与股票的资产组合有效前沿分析了家庭的资产配置。利用 1998 年意大利的家庭微观调研数据，Pelizzon 等（2008）计算了指数替代后的代表资产（股票、债券、房产）加权夏普比率，以家庭量化投资效率。同样地，利用芬兰家庭调研数据结合投资组合的夏普比率，Grinblatt 等（2011）分析了智商与资产配置有效性之间的关系。

近年来，家庭资产配置有效性的微观研究也逐渐得到了国内学者的关注。利用 Heckman 两步修正模型结合中国微观数据，吴卫星等（2015）运用基于夏普比率的投资组合优化程度指标，探究了群体性差异是否存在于家庭投资组合有效性中，研究发现家庭投资组合效率受到其收入、财富与部分人口统计学特征的影响。利用 Tobit 回归模型结合加权夏普比率，杜朝运等（2016）研究了中国家庭金融资产配置有效性的影响因素。基于中国家庭微观数据，柴时军（2017）发现了社会资本会显著提高家庭资产配置的效率，并且这种效应存在明显的地区异质性，具体体现在对中西部地区和农村家庭的边际影响更大。吴雨等（2021）的研究发现，数字金融发展显著提高了家庭资产组合有效性。

2.3 财富不平等相关文献综述

国外学者多年前就开始关注家庭财富不平等。基于对个体禀赋的特质性冲击，Castaneda 等（2003）构建了收入与财富不平等理论，并解释了美国的不平等状况。在纳入遗产的世代交叠模型下，De Nardi（2004）发现自愿遗产是财富集聚的原因之一。在排除了自愿遗产后，Cagetti 等（2006）将信贷约束、创业和投资决策纳入职业选择模型，发现了更加严格的信贷约束会降低财富集中度。此外，在考虑了资产分布的动态变化后，Benhabib 等（2011）发现财产收入的风险也导致了财富分布的不平等。同时，他们还指出，财产收入税和房产税等财政政策工具可以有效地降低财富不平等。

在国内研究方面，陈彦斌等（2009）构建了含有个体风险、总体风险和灾难风险的 DSGE 模型，并发现灾难风险的引入会显著扩大财富不平等，从而对中国城镇居民的财产分布状况做了更好的拟合。随后，陈彦斌等（2013）通过构建两部门两产品的 Bewley 模型，发现财富不平等程度会随着通货膨胀率的上升而愈发严重。在实证方面，财富不平等的研究很大程度上依赖于大样本的微观数据库。近年来，随着大量微观家庭调查数据库[①]以及行政数据库[②]的涌现，实证研究财富不平等影响因素的文献蓬勃发展。这类研究主要从以下两个方面展开：

第一，家庭特征对财富不平等的影响。Bernheim 等（2001）发现美国的财富不平等并不能很好地被传统生命周期理论所提出的时间偏好差异、风险偏好差异、风险暴露差异和工作喜好差异等解释，但却和拇指原则理论[③]、心理账户理论[④]以及双曲贴现理论[⑤]相一致。Ameriks 等（2003）强调了规划行为对财富积累的重要性。他们发现，具有越高规划倾向的家庭会花更多的时间制订财务计划同时控制消费，从而带来更高的财富增长。这与心理学中关于规划对目标追求的正向作用相符合。Lusardi 等（2007）通过考察 2004 年调查中早期婴儿潮的一代人和 1992 年调查中与之年龄相同的受访者，也发现了有规划倾向的家庭比无规划倾向的家庭在接近退休时拥有更多的财富。基于收入税收益和宏观家庭资产负债表，Saez 等（2016）估计了近

---

① 国外具有代表性的微观家庭调查数据库包括美国的 SCF、HRS 和 PSID 数据，德国的 ICS 和 SOEP 数据，英国的 BHPS 数据，以及意大利的 SHIW 数据等。近年来，我国学术界在构建微观家庭调查数据库方面也成果丰硕，涌现出一系列各具特色的微观数据库（如 CFPS、CHFS、CSCF），这也为将为本书的开展提供极大的便利。

② 行政数据库由于具有覆盖面广、测量偏误低的优势而越来越受到实证研究者的重视。

③ 拇指原则理论：指的是经济决策者对信息的处理方式不是按照理性预期的方式，把所有获得的信息都引入到决策模型中，他们往往遵循的是：只考虑重要信息，而忽略掉其他信息，否则信息成本会无限高。

④ 心理账户理论：在行为经济学中，由于消费者心理账户的存在，个体在做决策时往往会违背一些简单的经济运算法则，从而做出许多非理性的消费行为。

⑤ 双曲贴现理论：又称为非理性折现，即人们在对未来的收益评估其价值时，倾向于对较近的时期采用更低的折现率，对较远的时期采用更高的折现率。

100 年美国的财富不平等状况，并发现 1978 年以后财富不平等不断加剧，而造成这一变化的原因是顶端收入阶层的涌现以及储蓄率不平等的加剧。Gomes 等（2022）指出，近年来机器人的大量应用带来的自动化水平提高也会加剧财富不平等。

值得特别注意的是，法国经济学家托马斯·皮凯蒂所著的《21 世纪资本论》，使国际学界对财富不平等的关注上升到了一个新的高度。该书指出，现有制度只会加剧贫富差距，整个世界正在倒退回“承袭制资本主义”的年代，故未来的不平等现象只会越来越严重。基于大量历史数据，该书质疑了当代资本主义制度的合理性。此外，皮凯蒂还指出由于资本的逐利性，资本回报率更倾向于超过经济增长率，所以贫富差距在资本主义中是根深蒂固、难以消除的现象。

由于近年来微观家庭调查数据库的发展，国内的相关实证研究也不断涌现。陈彦斌（2008）发现，我国城乡家庭之间存在着巨大的财富不平等。他同时指出提高教育水平和改善婚姻状况都有助于提高家庭财富水平。梁运文等（2010）指出了我国愈发严重的财产分布不平等现状，尤其体现在城市财产分布的基尼系数已低于农村，且居民财产积累也会受到家庭特征（如职业、学历水平等）的显著影响。肖争艳等（2012）发现户主风险偏好程度的提高有利于家庭财富的增加。何金财等（2016）发现家庭财富不平等会随着家庭财产拥有量的显著提高而进一步扩大。吴卫星等（2016）发现家庭财务杠杆会使得富裕家庭财富增长更快，从而加剧家庭财富差距扩大。

第二，制度环境对财富不平等的影响。Menchik（1980）发现长子继承制相较于平均继承制更可能提高财富的集中度从而造成财富分布不平等。Townsend 等（2006）发现金融深化会扩大财富不平等。李实等（2005）使用 1995 年和 2002 年的微观调查数据发现，城镇公有住房私有化会导致财产不平等程度在城镇家庭间缩小，而在城乡家庭间扩大。巫锡炜（2011）指出，分配机制极大影响了我国城镇家庭的财富不平等。王磊等（2016）的研究发现，我国的户籍制度与政治资本均加剧了家庭住房财产的不平等程度。杜两省等（2020）的研究发现，个体面临的金融摩擦和收入风险会导致财富不平等。

2.4 文献评述

本章概述了与本书研究最为相关的三类文献，即关于金融知识、家庭资产配置以及财富不平等的相关文献。

对于金融知识的研究，随着国内外微观家庭金融调查数据的发展，相关的研究也方兴未艾。现有文献大多集中于研究金融知识对家庭行为决策的影响，如家庭的投资行为（Van Rooij et al., 2011；尹志超 等，2014）、借贷行为（Disney et al., 2013；吴卫星 等，2018，2019）和养老规划（Bucher-Koenen et al., 2011；Lusardi et al., 2011；Niu et al., 2020）等。考虑到金融知识的缺乏对家庭行为决策的负面影响，研究如何提高金融知识同样具有重要意义。相比之下，目前关于金融知识决定因素的研究相对较少，仅有少数几篇文献发现社会人口学特征、早年认知能力、儿童时期的特征以及文化会影响金融知识水平（Lusardi et al., 2010；Herd et al., 2012；Grohmann et al., 2015；Brown et al., 2018）。此外，随着金融教育课程在发达国家中的陆续开展，部分学者通过考察金融教育课程的有效性探讨了金融教育能否直接提高参与者的金融知识水平。然而，目前对金融教育课程的研究并未达成一致结论。更重要的是，考虑到金融教育课程在发展中国家的实施难度，且我国现阶段教育质量与覆盖率和发达国家相比仍有一定差距，且教育预算有限，因此金融教育课程短期内在我国无法广泛开展，故并不适合我国国情。基于此，本书通过研究普通教育与金融市场参与对金融知识的影响，为如何提高我国居民的金融知识水平开辟了具有启发意义的新视角。

对于家庭资产配置的研究，现有的文献已经证实，人口统计学特征、家庭特征以及经济因素等都会影响家庭资产配置的有效性（Pelizzon et al., 2008；吴卫星 等，2015；杜朝运 等，2016）。由于金融决策的复杂性（尤其是投资决策），家庭需要具备一定的信息搜集与处理的能力，而金融知识对信息的搜寻与处理有着重要的影响，进而有助于提高决策质量。Lusardi 等（2007）、Guiso 等（2008）的研究都表明，金融知识对个体的投资决策行为存在着显著的影响。因此，本书在已有研究的基础之上，进一步探究了金融知识与家庭资产配置效率之间的关系。

对于中国家庭财富不平等的研究，现有直接探讨此问题的文献仍相对较少。受到数据可得性的限制[①]，当前研究主要集中于探讨我国财富不平等持续拉大的重要原因——收入差距。具体地，此类文献集中于讨论收入差距的度量方法、产生原因和治理政策等，例如李实（1999）、陈钊等（2010）。虽然目前对于财富不平等的直接研究相对较少，但是这并不代表财富不平等的研究价值要低于收入不平等。首先，相比于作为流量的收入，财富是存量，故更适合当作状态变量放入动态模型中。基于此，财富被广泛用于理论研究和数值模拟研究，这也体现出财富比收入的理论价值更高。其次，考虑到财富的客观性强于收入，家庭在做出消费和投资决策时更倾向于依据其财富水平而不是收入水平。最后，由于财富涵盖的家庭财务信息比收入更多，涉及面更广（如资产和负债），故财富有助于挖掘贫富差距背后的深层信息。因此，本书从资产选择的视角出发，首次探究了金融知识对我国财富不平等的影响，以期为治理我国的财富不平等状况提供新思路。

① 居民收入数据的可获得性明显高于财富数据。其背后的原因是：财富的私密性和隐蔽性均强于收入，这使得我国收入相关的微观调查要多于财富相关的微观调查，且时间跨度相对更长。

3 金融素养对家庭资产配置有效性的影响

3.1 引言

近年来，随着我国经济的快速发展，家庭的财富积累不断增长，参与金融市场的程度也不断提高。与此同时，家庭在其总资产中配置不同种类金融资产的需求也有所增加。因此，如何有效配置金融资产以提高家庭的效用水平也受到了越来越多研究者的关注，具有重要的理论与现实意义。理论上，基于家庭持有投资组合的风险与收益，构造资产配置效率的指标可以更准确、客观地评估家庭的投资决策，这既是对经典投资组合理论的推进，也为深入分析家庭的金融行为夯实了基础；现实中，了解家庭资产配置效率的影响因素，不仅可以帮助投资者提高决策质量，促进家庭财富积累，还可以协助政府及有关部门制定相应的政策，助力金融市场健康发展，以更好地服务于投资者（吴卫星 等，2015；王月升 等，2016）。

现代金融市场为投资者提供了丰富的投资机会，例如股票、基金、债券、金融衍生品等。相比于这些流动性较强的金融产品，许多家庭也拥有大量流动性较差的资产，如房产等，这一现象在我国尤为突出，房产在我国居民的家庭财富中始终占据着重要的部分。那么，家庭如何利用这些投资机会以实现财富增值？他们是否遵循传统金融理论持有相同的资产组合（Guiso et al.，2002；Goetzmann et al.，2008）？大量研究发现，受到自身偏好与环境因素的影响，家庭间的金融资产配置呈现出明显的差异，进而导致其资产配置效率的不同（Curcuru et al.，2005；Massa et al.，2006）。因此，国内外学者从资产选择、效用函数等方面就如何量化家庭资产配置的有效性展开了深入的研究（Flavin et al., 2002；Cocco, 2005；Pelizzon et al., 2008, 2009）。Grinblatt 等（2011）在研究智商（IQ）与股票市场参与的关系时，计算了由共同基金和股票构成的家庭投资组合的夏普比率，为后续研究拓展了思路。基于此，本章借鉴 Grinblatt 等人的方法，选取加权夏普比率来衡量家庭资产配置的效率，为后文深入分析家庭资产配置有效性的影响因素奠定了基础。

现有研究表明，家庭资产配置的有效性会受到投资者的人口统计学特征（如年龄、性别、婚姻状况、教育水平等）、家庭特征（如家庭规模、家庭收入与财富状况等）的影响（Pelizzon et al., 2008；吴卫星 等，2015；杜朝运 等，2016）。然而，现有研究鲜少从金融知识的角度讨论其对家庭资产配置有效性的影响。由于投资决策的复杂性，家庭需要具备一定的信息搜寻与处理能力，现有研究已证实，金融知识对信息的搜集与处理有重要影响（Van Rooij et al., 2011；尹志超 等，2014；Chu et al., 2016；吴卫星 等，2018）。而金融知识的缺乏也被发现会对投资决策产生不利的影响，例如降低投资理性与投资多样性（Lusardi et al., 2007；Guiso et al., 2008）。因此，考虑到金融知识可能会帮助投资者做出合理的判断与有效的决策；那么，金融知识是否也会直接影响到家庭资产配置的效率？本章试图回答这个问题。

基于中国家庭金融调查 2015 年的数据，本章研究了金融知识对家庭资产配置效率的影响。首先，本书使用指数替代的方式构造家庭风险资产组合（股票、基金、债券、房产）的加权夏普比率，以此度量家庭资产配置的有效性；并在现有研究基础上，考虑到了房产收益率的区域异质性，进一步完善了家庭资产组合夏普比率的构建方法，提高了该指标的准确性。其次，为了缓解内生性问题，本章利用家庭经济金融类专业知识背景构造金融知识的工具变量进行估计。研究发现，金融知识可以显著提高家庭资产配置的效率，且这一影响对城市家庭更显著。将金融知识的因子分析指标替换为评分加总指标、克服反向因果问题以及使用“家庭成员是否从事金融业”的替换工具变量后，两者间的正向因果关系仍显著存在。此外，来自 2012 年中国城市居民消费金融调查的证据再次验证了金融知识与家庭资产配置有效性间的因果效应，而家庭缺乏对自身金融知识水平的准确认知也会影响其资产配置效率，具体体现在对自身金融知识水平自信不足的家庭，其资产配置有效性也会降低。

因此，本章的研究既是从金融知识的角度，为研究家庭的资产配置行为提供了一个具有启发意义的视角，也结合中国实情完善了测度家庭资产配置效率的夏普比率指标的构建方法，并充实了投资组合理论在中国家庭金融领域的文献。

本章剩余部分安排如下：第二部分介绍数据来源与资产配置有效性、金融知识等指标设计；第三部分描述模型设定并讨论内生性问题；第四部分为实证分析，包含了实证结果与稳健性检验；第五部分是结论与政策建议。

3.2 数据来源与指标设计

考虑到在国内所有的金融知识微观调查数据中，西南财经大学中国家庭金融调查与研究中心在全国范围内开展的中国家庭金融调查（China household finance survey，CHFS）是国内覆盖范围最广的金融知识客观评价调查数据，已被广泛用于国内外的金融知识相关研究中，因此本书将其作为实证研究的主数据，且本书第 3 至第 7 章均用到了此数据。

中国家庭金融调查（CHFS）始于 2011 年，截止本书完稿时，已公布五期调查结果，分别为 2011 年、2013 年、2015 年、2017 年和 2019 年。不同于其他家庭微观调查数据，该调查侧重于家庭金融信息的收集，旨在帮助研究者深入分析家庭的金融行为①。考虑到金融知识的相关问题仅在 2013 年及以后的调查中出现，且在目前公开的数据中，2015 年的金融知识调查覆盖面最广，也与本章稳健性检验部分的另一调查样本时间上接近，可比性较强，故本章选取 2015 年的调查数据进行实证研究。2015 年的调查样本覆盖了全国 29 个省 351 个县 1 396 个村（居）委会的 37 000 多户家庭②。

（1）家庭资产配置有效性

合理构建家庭资产配置有效性的度量指标是后文实证研究的基础，参考现有研究（吴卫星 等，2015，2018），本章选取夏普比率来度量家庭资

① 该调查收集了家庭的资产与负债、收入与支出、保险与保障、家庭人口特征及就业等信息，且被国内外研究广泛使用。

② 数据来源：https://chfs.swufe.edu.cn/index.htm。

产配置的有效性。夏普比率[①]可以反映家庭如何权衡资产组合的收益与风险，即在风险一定的情况下，若能获得更高的收益，则对应的资产配置有效性也越高。具体地，夏普比率的计算公式如下所示：

$$\text{Sharpe Ratio} = \frac{E(R_p) - R_f}{\sigma_p} \tag{3-1}$$

其中，公式（3-1）的分子为：投资组合的期望收益率 $E(R_p)$ 与无风险利率 R_f 之差，分母为投资组合的标准差 σ_p。

中国家庭金融调查收集了受访者的资产与负债信息，尤其是金融资产的持有情况。基于此，借鉴杜朝运等（2011）、吴卫星等（2015）的研究，本章利用家庭持有的房产、股票、基金和债券信息来构造资产组合的夏普比率。上述四种资产也是家庭的主要风险资产，其具体持有情况见表 3-1。显然，在四种资产中，家庭的房产配置比例最高，其净资产占比为 32.9%，家庭房产市场参与率接近 50%，显著超过其他三种资产，是家庭资产的主要部分，这也符合我国基本国情；而在剩余三种资产中，虽然股票的净资产占比和参与率高于基金和债券，但仍较低，因此，相比于房地产市场的参与情况，我国家庭的金融市场参与率还较低[②]。

表 3-1　家庭主要风险资产持有情况

资产	均值/万元	净资产占比	参与率
房产	31.118	0.329	0.457
股票	1.072	0.012	0.070
基金	0.306	0.004	0.035
债券	0.047	0.001	0.004

考虑到目前国内的家庭微观调查没有询问受访者详细的金融资产账户信息与具体交易信息，故本书无法得到夏普比率计算公式中所需的每种资产的具体收益率。因此，借鉴现有研究中指数替代的做法（Pelizzon et al.,

---

① 又被称为报酬-波动性比率。

② 考虑到家庭非自住房产的投资属性相对较强，笔者也用 CHFS 调查中非自住房产的相关数据进行了分析且该结果与本章结论一致，但由于该调查中非自住房的数据有部分缺失，故并未将其结果单独列出，也不进行过度解读。此外，考虑到家庭房产的居住与投资属性难以分割，且家庭非自住房产持有比例并不高，参考吴卫星等（2015）的研究，本章选用家庭所持有的房产用于家庭投资组合的相关计算中。

2008；Grinblatt et al.，2011），本章利用平均资产收益率与波动率来替代上述四种资产的收益与波动情况，结合家庭对各类资产的持有份额，计算出加权后的夏普比率。具体地，基于上证指数和深成指数月度收益率，加权求得平均收益率，以此代替持有股票的收益；类似地，采用来自上证基金指数和深证基金指数平均化后的月度收益率来代替持有基金的收益；此外，还采用中证全债指数月度收益率的平均值来代替持有债券的收益。考虑到房产的特殊性，吴卫星等（2015、2018）用基于全国商品住宅销售总额除以其销售面积的月度房价得到了全国的平均房产收益率，以此作为房产收益替代指标。然而，上述房产收益率的替代指标没有考虑各地房产收益率的差异，即北京、上海等一线城市的房产收益明显会高于其他地区，尤其是三四线城市。故相比于前三种资产基于全国性指数构造的替代指标，上述房产收益指标较粗糙，有待进一步完善。基于此，本章还构造了一个省级房产收益率指标①，由各省的商品房销售情况求得，以替代受访者所在省份的平均房产收益率。该指标考虑了房产收益的省级差异，并且能更准确地计算出不同省份家庭的资产组合收益率。本章将全国房产收益率与省级房产收益率均用于加权夏普比率的计算中，且它们对应的家庭投资组合夏普比率分别记为 $Sharpe\_ratio_1$ 和 $Sharpe_ratio_2$②。此外，由于中证全债指数编制的初始年份为 2003 年，且 CHFS 2015 年的调查开始于 2015 年 7 月，上述资产收益率原始数据的样本区间为 2003 年 2 月至 2015 年 6 月③，此样本期也排除了 2015 年 6 月底证监会对股市干预的影响；相关数据来源于国家统计局网站、Wind 数据库与 CEIC 数据库④。

表 3-2 展示了两种夏普比率的描述性统计。其中，$Sharpe\_ratio_2$ 的均

---

① 考虑到 CHFS 2015 年的调查仅公开到省级层面，故本章构造了相应的省级房产收益指标。

② 此外，本章还运用 Fang 等（2016）基于特征价格模型得到的全国各省主要城市月度房价数据，构造了另一个省级房产收益率指标并进行实证分析，其结果证实了本章主回归结果的稳健性，但考虑到该数据受限于房产交易数据的可得性，其样本区间相对较短，故并未将其结果单独列出。

③ 为排除证监会干预的影响，基于此样本期得到的资产收益率为历史收益率。考虑到历史的重复性与市场的周期性，此样本期的选取还考虑了中国金融市场的周期性（赵鹏 等，2008；饶为民 等，2010）。参考吴卫星等（2015、2018），结合 CHFS 调查数据的特点，笔者在此以历史收益率来检验；同时，考虑到金融知识对资产组合未来的夏普比率影响，在后文来自另一个样本的证据中（见表 3-10），笔者结合 2012 年中国城市居民消费金融调查的特点，选取相应的样本区间（截至 2015 年 6 月）计算未来的资产收益率。

④ 其中，本章所用到的计算全国、省级房产收益率数据来源于国家统计局网站与 CEIC 数据库。

值稍高于 $Sharpe\_ratio_1$，这可能源于样本结构的不同，即受访者大多来自中东部省份，且这些省份的房产收益率显著高于西部省份，故考虑了省级房价差异的 $Sharpe\_ratio_2$ 标准差更大，均值更高。

表 3-2 夏普比率的描述性统计

变量	观测值	均值	标准差	中位数
$Sharpe\_ratio_1$	24 501	0. 100	0. 129	0. 096
$Sharpe\_ratio_2$	24 501	0. 116	0. 151	0. 101

（2）金融知识

不同于其他微观调查问卷中让受访者自评金融知识水平，中国家庭金融调查从利率计算、通货膨胀及投资风险三个方面客观考察了受访者的金融知识水平。2015 年的调查中金融知识相关问题的回答情况如图 3-1 所示（三个具体的问题详见附录 A）；相应地，上述问题回答选项的具体分布情况与各选项对应的题数均值如图 3-2、图 3-3 所示。

从图 3-1 中可以看出，中国家庭在各个问题上的回答正确率均较低，尤其是通货膨胀的问题，其正确率远低于其他两个问题且其错误率也最高。尽管投资风险问题的正确率在三个问题中最高，但也才刚刚超过 50%。此外，三个金融知识问题的回答中“不知道”或“算不出来”的比例均较高，普遍维持在 40%~50%的水平。

从图 3-2 中可以发现，在 2015 年的调查中，答对三个问题的家庭比例最低，仅为 6. 13%，而没有答对任何题目的家庭比例最高，高达 40%，这说明较少家庭能全部答对上述三个金融知识问题，且超过三分之一的家庭甚至无法答对一道金融知识问题。

图 3-3 表明，家庭的平均答对题数为 0. 91，这说明大部分家庭难以答对一道金融知识问题；而家庭平均回答“不知道”或“算不出来”的题数超过 1，这也说明每个家庭平均有一道题无法作答。因此，相比于发达国家，我国大部分家庭仍缺乏对基本金融概念和金融市场的了解。

参考以往文献（Van Rooij et al., 2011；Lusardi et al., 2011），本章主要采用因子分析的方法构建金融知识指标。具体来说，本书认为回答错误的受访者可能部分了解某些金融概念，而回答“不知道”的受访者可能完全不知道这些概念，故前者与后者的金融知识水平极有可能不同。因而，为了进一步区分每个问题的上述两种回答情况，本章对其分别构建两个虚拟变量。其中，是否回答正确由第一个虚拟变量体现，回答正确为1，否则为0；是否直接回答由第二个虚拟变量体现，回答“不知道”为0，否则为1。基于这六个虚拟变量，采用迭代主因子法进行因子分析。根据表3-3中的因子分析结果，本书保留特征值大于1的两个因子（Factor1、Factor2），以此构造相应的金融知识指标，即“金融知识（因子分析）”（记为FL_factor），并将其作为解释变量用于后文的基准回归中，其描述性统计见表3-5。表3-4的结果也表明，全样本的KMO检验大于0.6，故适合做因子分析。

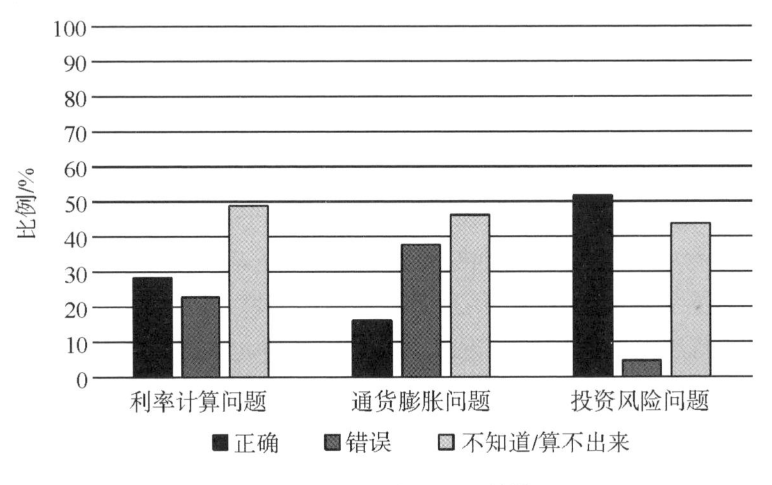

图3-1　金融知识各问题回答情况

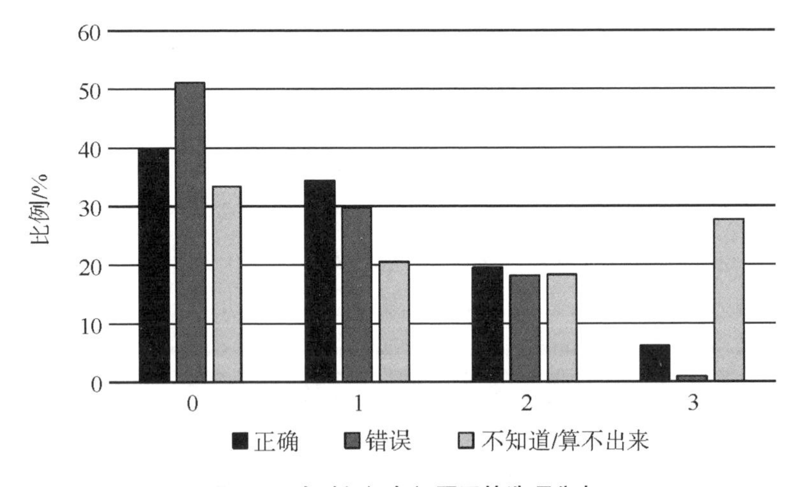

图3-2　金融知识各问题回答选项分布

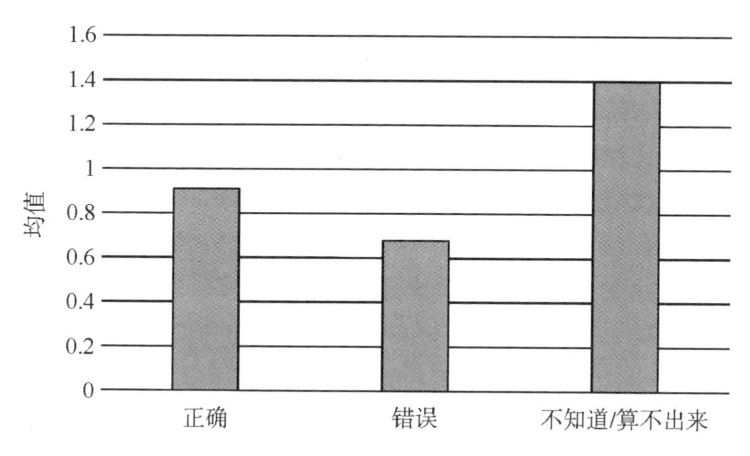

图 3-3　金融知识问题三大选项对应题数均值

此外，考虑到现有文献中也有采用受访者回答正确的问题个数来衡量金融知识（Agnew et al.，2005；Guiso et al.，2008），故本书采用这一指标（记为 FL_score）作为金融知识的另一衡量指标并用于本章的稳健性检验中。

表 3-3　因子特征值及比重

因子	特征值	比重	累计
Factor1	3. 042	0. 507	0. 507
Factor2	1. 228	0. 204	0. 711
Factor3	0. 835	0. 139	0. 851
Factor4	0. 542	0. 090	0. 941
Factor5	0. 269	0. 045	0. 986
Factor6	0. 081	0. 013	1. 000

表 3-4　KMO 检验结果及因子载荷

虚拟变量	KMO 检验结果
利率计算问题直接回答且回答正确	0. 738
利率计算问题间接回答	0. 708
通货膨胀问题直接回答且回答正确	0. 756
通货膨胀问题间接回答	0. 747
投资风险问题直接回答且回答正确	0. 602
投资风险问题间接回答	0. 611
全样本	0. 671

（3）其他控制变量

参考以往文献，本章选取的控制变量包括：受访者特征变量与家庭特征变量。其中，受访者特征变量包括年龄、年龄平方、性别（男性为 1）、婚姻状况（已婚为 1）、户口所在地（农村为 1）、受教育年限（单位：年）、风险偏好（0~5 且 5 代表风险偏好程度最高）；家庭特征变量包括家庭规模、健康状况（0~4 且 4 代表健康状况最好）、家庭收入、家庭总资产。数据处理后，得到 24 501 户样本，主要变量的描述性统计见表 3-5。

从表 3-5 可知，样本中受访者的平均受教育年限为 9. 144，平均年龄为 52. 19，大部分受访者为男性、已婚并居住在城市，且风险偏好程度偏低。对于样本中的受访家庭，大多数家庭规模为 3~4 人，且家庭成员身体健康。表 3-5 显示金融知识（因子分析）指标的均值约为 0. 231，家庭平均答对金融知识问题数接近 1，且金融知识在不同家庭间的差异明显。

表 3-5 主要变量的描述性统计

变量	变量定义	观测值	均值	标准差	中位数
FL_factor	金融知识（因子分析）	24 501	0. 231	0. 700	-0. 149
FL_score	金融知识（评分加总）	24 501	0. 933	0. 906	1
Age	年龄	24 501	52. 190	14. 472	52
Male	性别	24 501	0. 541	0. 498	1
Married	婚姻状况	24 501	0. 858	0. 348	1
Schooling	受教育年限	24 501	9. 144	4. 269	9
Rp	风险偏好	24 501	1. 741	1. 233	1
Size	家庭规模	24 501	3. 557	1. 695	3
Health	健康状况	24 501	2. 327	0. 944	2
Rural	户口所在地（农村）	24 501	0. 330	0. 470	0
Log（Income+1）	家庭收入对数	24 501	5. 815	5. 240	9. 153
Log（Total_asset+1）	家庭总资产对数	24 501	11. 425	2. 725	11. 859

3.3 研究设计

（1）基准模型

由于表 3-2 中的夏普比率均为正值，且金融市场中有限参与的现象普遍存在，即对于未参与风险市场的家庭，其夏普比率为 0。因此，结合被解释变量的截断特征，本章采用 Tobit 模型来检验金融知识对家庭资产配置效率的影响，基准回归方程如下：

$$\text{Sharpe\_ratio}_i = \begin{cases} \alpha + \beta \text{FL\_factor}_i + \gamma X_i + \varepsilon_i, & \text{Sharpe\_ratio}_i > 0 \\ 0, & \text{Sharpe\_ratio}_i = 0 \end{cases} \tag{3-2}$$

其中，Sharpe_ratio_i为家庭 i 的资产组合夏普比率，FL_factor_i为金融知识水平，X_i为控制变量（包括受访者年龄、年龄平方、性别、婚否、受教育年限、家庭收入、户口所在地等），ε是模型的残差。考虑到中国省级层面的显著差异，我们在回归中还控制了省级层面固定效应。

（2）内生性问题

方程（3-2）中 FL_factor_i的系数代表了金融知识对家庭资产配置有效性的影响，但考虑到反向因果与遗漏变量的影响，上述方程的主回归系数并不能准确解释两者间的因果关系，即存在内生性问题。具体而言，对于反向因果问题，我们还需考虑到受访者是否在资产配置过程中重新认知了金融市场，掌握了相关金融概念，进而积累了金融知识；此外，还存在另一种情况，即受访者为了提高资产配置效率而主动学习金融知识。而对于遗漏变量问题，我们也需要考虑到是否有其他难以观测的变量同时影响着受访者的金融知识以及资产配置效率，比如家庭间的能力差异、地区层面的文化或历史因素差异等。因此，本章通过构建工具变量缓解上述内生性问题，进一步识别解释变量对被解释变量的净效应。

借鉴 Lusardi 等（2015）、秦芳等（2016）的做法并结合调查问卷中涉及的相关内容①，本章基于问卷中考查受访家庭过往经济金融类学习经历的问题，选取家庭经济金融类教育背景作为金融知识的工具变量。首

① Lusardi 等（2015）运用受访者在校期间的经济或金融学习经历作为金融知识的工具变量。

先，金融知识显然会受到家庭经济金融类专业知识教育的影响；其次，在本问卷调查期间内，国内的专项财经类培训课程相对较少，故受访者或其他家庭成员学习经济类或金融类专业知识大多在学生生涯阶段（国民教育），相对于家庭的金融行为是前定且外生的，而家庭的金融行为对已接受的教育也不会产生影响。因此，上述工具变量满足相关性和外生性条件，用于主回归中是合适的。在后续的稳健性检验中，我们也会使用其他的工具变量对内生性问题做进一步讨论。

3.4 实证分析

3.4.1 回归结果

首先，我们通过作图来直观描述金融知识与家庭资产配置效率间的关系，如图 3-4 所示。考虑到金融知识的评分加总指标能够准确代表答对题数，故将此指标用于绘制以下走势图更为清晰合适。图 3-4 中，Sharpe_ratio$_1$ 与 Sharpe_ratio$_2$ 均随着金融知识答对题数的增加而提升，两者呈现出正相关性。

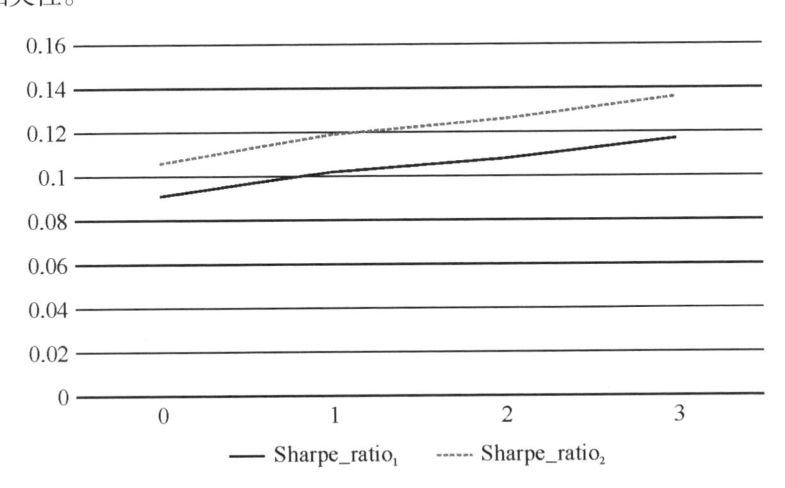

图 3-4　金融知识（评分加总）与家庭投资组合夏普比率关系

其次，根据前文的变量定义与模型设定，我们得到了表 3-6 中的回归结果。总体上，表 3-6 中的结果表明，金融知识对家庭资产配置效率有显著的正向影响。在控制了家庭特征、受访者特征与地区固定效应后，该影响仍在1%水平上显著。前两列为基于全国平均房产收益的夏普比率对应回归结果，后两列则为省级平均房产收益的夏普比率对应结果。（2）、（4）列为IV-Tobit模型估计结果，其中，第一阶段的估计结果表明，家庭经济金融类学习经历对金融知识的正向影响在1%的水平显著，且第一阶段 F 值（138.06）大于10，拒绝了弱工具变量假设（Hausman et al.，2005）。因此，选择家庭经济或金融类专业知识背景作为金融知识的工具变量是合适的。

对于表3-6中报告的边际效应，在Tobit模型中，金融知识对 $Sharpe\_ratio_1$ 和 $Sharpe\_ratio_2$ 的影响系数分别为0.041和0.045，我们对其解释为金融知识每提升1个单位，会导致夏普比率相应提高0.041和0.045，转化到标准差上约为22.24%和20.86%，这也说明金融知识对家庭资产配置有效性的影响效应并不小。在IV-Tobit模型中，上述系数仍在1%的水平上显著，且边际效应分别为0.089和0.105。上述结果表明，金融知识对家庭资产配置有效性的影响在纠正了内生性后仍显著存在。

此外，控制变量的估计结果还表明，家庭资产配置效率会随家庭总收入、家庭成员健康状况的提高而增加，而受教育年限更长、已婚、居住在城市的受访者的资产配置有效性也更高，这可能是因为他们更有动机、能力与资源去参与金融市场，并有效进行风险资产投资。

表3-6　金融知识对家庭资产配置有效性的影响

变量	$Sharpe\_ratio_1$		$Sharpe\_ratio_2$	
	Tobit （1）	IV-Tobit （2）	Tobit （3）	IV-Tobit （4）
FL_factor	0.041***	0.089***	0.045***	0.105***
	（0.002）	（0.028）	（0.002）	（0.032）
Age	-0.000	-0.001	-0.000	-0.000
	（0.000）	（0.001）	（0.000）	（0.000）
Age2	0.000	0.000	0.000	0.000
	（0.000）	（0.000）	（0.000）	（0.000）
Male	0.014***	0.015***	0.026***	0.030***
	（0.002）	（0.002）	（0.006）	（0.010）
Married	0.030***	0.028***	0.016***	0.070***
	（0.003）	（0.004）	（0.002）	（0.020）

表3-6(续)

变量	Sharpe_ratio$_1$		Sharpe_ratio$_2$	
	Tobit (1)	IV-Tobit (2)	Tobit (3)	IV-Tobit (4)
Schooling	0.009***	0.006***	0.022***	0.015***
	(0.001)	(0.001)	(0.002)	(0.004)
Rp	0.005	-0.000	0.001	-0.001
	(0.003)	(0.001)	(0.001)	(0.001)
Size	-0.010	-0.001	-0.002*	-0.002**
	(0.010)	(0.001)	(0.001)	(0.001)
Health	0.017***	0.017***	0.022**	0.040**
	(0.001)	(0.001)	(0.009)	(0.006)
Rural	-0.051***	-0.044***	-0.055***	-0.082***
	(0.003)	(0.005)	(0.008)	(0.024)
Log (Income+1)	0.001***	0.001**	0.001***	0.001***
	(0.000)	(0.000)	(0.000)	(0.000)
Log(Total_asset+1)	0.097	0.099	0.101	0.002
	(0.082)	(0.090)	(0.100)	(0.004)
省级固定效应	是	是	是	是
样本量	24 501	24 501	24 501	24 501
一阶段估计 F 值		138.06		138.06
工具变量 t 值		11.75		11.75

注：***，** 和 * 分别表示在1%，5%和10%水平下显著，括号内为聚类异方差稳健标准误（按省份-出生年份聚类分析，避免异方差和组内自相关），表内报告的是估计结果的边际效应。以下相同。

3.4.2 稳健性检验

首先，不同于上文中基于因子分析法得到的金融知识指标，本书采用以往研究中金融知识的另一种度量方式（Agnew et al.，2005；Guiso et al.，2008；Lusardi et al.，2011），即答对问题的总数并记为FL_score，其描述性统计见表3-5。本书将其作为前文中主回归变量金融知识（因子分析）FL_factor的替代指标，再次进行回归，回归结果如表3-7所示。显然，在金融知识（评分加总）指标下，金融知识对家庭资产配置有效性的影响仍在1%水平上正显著。并且在考虑了内生性问题的IV-Tobit模型中，第一阶段估计结果再次证实了工具变量的有效性。

表3-7 稳健性检验回归结果（金融知识替代指标）

变量	$Sharpe\_ratio_1$		$Sharpe\_ratio_2$	
	Tobit	IV-Tobit	Tobit	IV-Tobit
FL_score	0.020***	0.069***	0.023***	0.082***
	(0.001)	(0.024)	(0.001)	(0.028)
控制变量	是	是	是	是
省级固定效应	是	是	是	是
样本量	24 501	24 501	24 501	24 501
一阶段估计 F 值		68.89		68.89
工具变量 t 值		8.30		8.30

注：***，**和*分别表示在1%，5%和10%水平下显著，回归结果中所有控制变量均与前文相同。为节省篇幅，没有报告控制变量的结果。以下相同。

其次，本书试图通过替换工具变量进一步论证上述结果的稳健性。参照曾志耕等（2015），选取是否有家庭成员从事金融业作为金融知识的另一工具变量，回归结果如表3-8所示。其背后的逻辑为：大量研究已经证实了家庭可能受到周围人的同辈效应（peer effect）① 影响，尤其是接触更为频繁的家庭成员影响。因此，若家庭中有成员从事金融业，则其他家庭成员接触与金融有关事物的可能性会大幅提高，进而也会直接影响他们的金融知识水平。而家庭其他成员是否从事金融业对被解释变量而言相对外生，故也可用于本研究中。表3-8的结果表明，在家庭成员是否从事金融业的工具变量下，金融知识对家庭资产配置有效性的影响仍在1%水平上正显著，且第一阶段回归结果通过了弱工具变量检验，此工具变量有效，这也证实了主回归结果的稳健性。

① 同辈效应：指同龄人群体因生活在类似的社会文化环境中，经历类似的历史事件而对群体成员发展产生的影响。

表 3-8　稳健性检验回归结果（替换工具变量）

变量	$Sharpe\_ratio_1$	$Sharpe\_ratio_2$
	IV-Tobit	IV-Tobit
FL_factor	0.012***	0.009***
	(0.004)	(0.003)
控制变量	是	是
省级固定效应	是	是
样本量	24 501	24 501
工具变量	是否有家庭成员从事金融业	
一阶段估计 F 值	38.81	38.81
工具变量 t 值	6.23	6.23

注：***，** 和 * 分别表示在 1%，5%和 10%水平下显著。

随后，为了进一步克服由反向因果导致的内生性问题，本书选用 2013 年数据中的解释变量（金融知识）与 2015 年数据中的被解释变量（家庭资产配置效率），并将两者合并在一起构造混合截面数据进行回归[①]，回归结果见表 3-9。回归结果表明，金融知识对后一期的家庭资产配置效率仍有显著的影响，且该效应在 1%水平上正显著，这也再次佐证了前文的回归结果。

表 3-9　稳健性检验回归结果（克服反向因果）

变量	$Sharpe\_ratio_1$	$Sharpe\_ratio_2$
	IV-Tobit	IV-Tobit
FL_factor	0.024***	0.040***
	(0.001)	(0.007)
控制变量	是	是
省级固定效应	是	是
样本量	15 468	15 468
一阶段估计 F 值	213.45	213.45
工具变量 t 值	14.61	14.61

注：***，** 和 * 分别表示在 1%，5%和 10%水平下显著。

---

① 考虑到 CHFS 2017 中的金融知识问题仅对新进入的受访者进行调查，故此处选用 2013 年与 2015 年的数据构造混合截面数据，且还能排除 2015 年 6 月底证监会干预股市对家庭资产配置的影响。

再次，考虑到中国的城乡差距，本书检验了金融知识对家庭资产配置有效性的影响在户口所在地上的差异。表 3-10 中的结果表明金融知识对家庭资产配置有效性的影响对城市户口的受访者更显著，而对农村户口的受访者不显著，即金融知识更可能提高城市居民的资产配置效率。其背后的原因可能为：相比于城市居民，农村居民参与金融市场、投资风险资产的机会较少，故受到金融知识的影响也有限。

表 3-10　稳健性检验回归结果（城乡差异）

变量	$Sharpe\_ratio_1$		$Sharpe\_ratio_2$	
	城市 IV-Tobit	农村 IV-Tobit	城市 IV-Tobit	农村 IV-Tobit
FL_factor	0. 100*** (0. 035)	0. 113 (0. 074)	0. 117*** (0. 040)	0. 125 (0. 082)
控制变量	是	是	是	是
省级固定效应	是	是	是	是
样本量	16 409	8 092	16 409	8 092
一阶段估计 F 值	86. 49	39. 06	86. 49	39. 06
工具变量 t 值	9. 30	6. 25	9. 30	6. 25

注：***，** 和 * 分别表示在 1%，5%和 10%水平下显著。

最后，本书还使用另一个样本以检验上述效应是否仍存在。在国内现有的金融知识微观调查中，除了本章使用的主数据——中国家庭金融调查以外，清华大学中国金融研究中心开展的中国城市居民消费金融调查也考察了受访者详细的家庭金融信息。但考虑到中国城市居民消费金融调查仅覆盖城市居民，样本量也远小于全国范围内开展的中国家庭金融调查，且其中涵盖的客观金融知识测度问题并非国际主流的三大问题，而是关于央行职能、货币供应量、投资风险、股票理解、债券价格、汇率报价的六个问题，因此本章选择 2012 年的中国城市居民消费金融调查作为补充样本①，以支撑本章主回归结果的稳健性。

2012 年中国城市居民消费金融调查的调查样本覆盖了来自中国东部（1 180户）、中部（992 户）和西部地区（950 户）24 个城市的总计3 122

① 2012 年的调查为最新一期，且与本章主数据时间上最为接近，故选用该期调查。

户家庭。该样本中的六个金融知识问题具体回答情况如图 3-5 所示（具体问题详见附录 B）。显然，在上述六个客观金融知识测度问题中，投资风险问题的正确率最高，接近 80%；股票理解问题的正确率最低，刚到 40%；其他四个问题的正确率在 50%左右。相比于 2015 年中国家庭金融调查，2012 年的城市居民调查中金融知识问题的正确率较高，这可能源于受访者均为城市居民，故其金融知识水平相对于全国平均水平略高，但考虑到两个调查中具体测度问题存在差异，故对此比较结果不进行过度解读。此外，尽管 2012 年的城市居民调查中金融知识问题答对比率约为 50%，但与发达国家相比，仍存在明显差距，再次证明我国居民的金融知识水平有待提高。

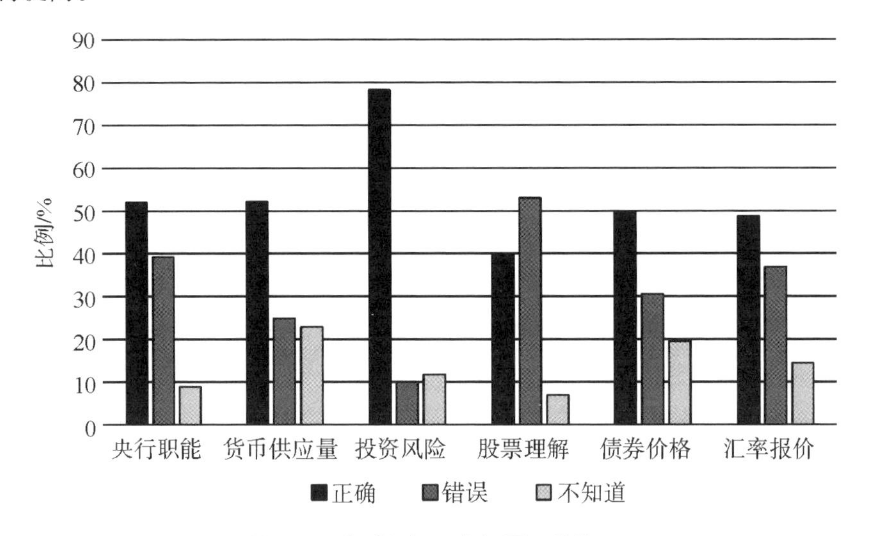

图 3-5　金融知识六个问题回答情况

表 3-11 中的结果表明，金融知识对家庭资产配置有效性的影响在中国城市居民消费金融调查的样本中仍显著存在。同样地，在家庭成员经济或金融类专业知识教育背景的工具变量下，金融知识的上述影响仍正显著，且第一阶段回归结果通过了弱工具变量检验，这也再次证实了主回归结果的稳健性①。

---

① 此外，笔者还运用 Fang 等（2016）基于特征价格模型得到的全国各省主要城市月度房价数据，构造了与 2012 年城市居民消费调查匹配的市级房产收益率指标进行检验，其结果与表 3-10 一致。但考虑到 2012 年城市居民消费调查中个别城市（如白银市）的月度房价数据缺失，导致样本量减少，故并未将其结果单独列出。

表 3-11　稳健性检验回归结果（来自另一样本的证据）

变量	$Sharpe\_ratio_1$		$Sharpe\_ratio_2$	
	Tobit	IV-Tobit	Tobit	IV-Tobit
FL_factor	0. 002***	0. 007*	0. 003***	0. 012**
	(0. 001)	(0. 004)	(0. 001)	(0. 005)
控制变量	是	是	是	是
市级固定效应	是	是	是	是
样本量	3 122	3 122	3 122	3 122
一阶段估计 *F* 值		35. 16		35. 16
工具变量 *t* 值		5. 93		5. 93

注：***，** 和 * 分别表示在 1%，5%和 10%水平下显著，上表中的数据来源于 2012 年中国城市居民消费金融调查。回归结果中所有控制变量、括号内的聚类方式均与前文相同，表内报告的是估计结果的边际效应。以下相同。

进一步地，考虑到 2012 年的中国城市居民消费金融调查中还包含了受访者的主观金融知识水平测度问题，而中国家庭金融调查则缺乏受访者自评的金融知识水平，基于此，本章还利用中国城市居民消费金融调查样本中的金融知识主观测度问题深入分析了对金融知识水平的自我认知是否也会影响家庭资产配置效率。

参考 Xia 等（2014）的研究，本书在此将金融知识（评分加总）指标（FL_score）作为金融知识的客观测度值，而将受访者自评的指标作为其主观测度值。基于金融知识的主观与客观测度指标，再构造受访者的金融知识过度自信指标（Over_FL）与金融知识自信不足指标（Under_FL），以此反映受访者对自身金融知识的评估状况。随后，将受访者金融知识水平自我认知指标 Over_FL 与 Under_FL 指标纳入本章方程（3-2）的回归中，得到表 3-12 的估计结果。

由于上述金融知识自我认知指标的构造是基于金融知识（评分加总）指标（FL_score），因此在表 3-12 的回归中将其作为解释变量也是合适的。表 3-12 的结果表明，在考虑了受访者对自身金融知识水平的过度自信与自信不足后，金融知识对家庭资产配置效率的影响仍在 1%的水平上显著。而从 Over_FL 与 Under_FL 指标的系数也可看出，受访者对自身金融知识水平的过度自信、自信不足对家庭资产配置效率的影响也并不相同。当受访者对自身金融知识水平无法准确认知时（尤其是自信不足时），会影响家庭投资组合的效率，甚至会降低家庭资产配置的有效性。这背后的原因可能是：对自身金融知识水平自信不足的受访者参与风险市场投资的概率更低，配置的风险资产相对较少；相比之下，过度自信的受访者则可能配置更多的风险资产，尤其考虑到中国股票市场在本调查期间行情相对较好，由此可能导致了上述两类受访者资产配置效率的明显差异。

表 3-12 稳健性检验回归结果（纳入主观金融知识测度）

变量	$Sharpe\_ratio_1$		$Sharpe\_ratio_2$	
	Tobit	Tobit	Tobit	Tobit
FL_score	0.001***	0.002***	0.002***	0.003***
	(0.000)	(0.001)	(0.001)	(0.001)
Over_FL	0.005***	0.004***	0.005***	0.004***
	(0.001)	(0.001)	(0.001)	(0.001)
Under_FL		-0.004***		-0.004***
		(0.001)		(0.002)
控制变量	是	是	是	是
市级固定效应	是	是	是	是
样本量	3 122	3 122	3 122	3 122

注：***，** 和 * 分别表示在 1%，5%和 10%水平下显著。

3.5 本章小结

基于中国家庭金融调查 2015 年的数据，本章实证研究了金融知识对家庭资产配置效率的影响。首先，本章使用指数替代的方式构造家庭风险资产组合的加权夏普比率，以此度量家庭资产配置的有效性；并在现有研究基础上，考虑到了房产收益率的区域异质性，进一步完善了家庭资产组合夏普比率的构建方法，大大提高了该指标的准确性。随后，为了缓解内生性问题，本章利用家庭经济金融类专业知识背景构造金融知识的工具变量进行估计。

本章的研究发现，金融知识可以显著提高家庭资产配置的效率，且这一影响对城市家庭更显著。其背后的原因可能是，城市家庭比农村家庭有更多机会参与金融市场，从而进行更多的风险资产配置，故金融知识对资产配置效率的提高作用在农村家庭中也相对有限。将金融知识的因子分析指标替换为评分加总指标、克服了反向因果问题以及使用“家庭成员是否从事金融业”的替换工具变量后，两者间的正向因果关系仍显著存在。此外，来自 2012 年中国城市居民消费金融调查的证据再次验证了金融知识对家庭资产配置有效性的促进作用，而家庭缺乏对自身金融知识水平的准确认知也会影响其资产配置效率，具体体现在，对自身金融知识水平自信不足的家庭，其资产配置有效性也会大大降低。

本章的研究结果也具有重要的政策意义。中国家庭金融调查数据显示，我国家庭的金融知识水平普遍较低，而金融知识的缺乏也严重影响了家庭资产配置的效率，进而制约了家庭在金融市场中实现财富积累。与此同时，本章结果还为家庭完善金融决策、提高金融福祉提供了一个具有启发意义的视角，即从金融知识的角度帮助家庭提高资产配置效率，增加投资有效性，减少投资风险，促进家庭的财富积累。基于此，政府应该进一步向民众普及金融知识，提高家庭的金融知识水平。随着信息技术的迅猛发展，当今社会的信息获取成本不断降低，因此政府可考虑借助互联网与新媒体的力量，积极推进金融知识的普及工作。例如，可结合当下热门的微信公众号、小程序与短视频，定期推送金融知识的普及推文与宣传动画，通过视觉与听觉相结合的方式为我国居民提供更好的金融知识学习体验。此外，通过金融知识的普及活动，可以让投资者更加了解自身的金融知识水平，提高金融知识自信，进而提升其资产配置效率，以实现家庭福利水平的增长。

4 金融素养对家庭财富不平等的影响

4.1 引言

改革开放以来，我国人均国内生产总值实现跨越式增长，居民人均可支配收入水平也不断提高，家庭总体生活水平得到了较大的改善。然而，随着居民财富水平的不断上升，财富不平等现象也逐渐凸显（Meng，2007；赵人伟，2007；甘犁 等，2013）。根据《中国民生发展报告》，近年来，我国居民财富差距不断扩大，例如，在1995年至2015年，家庭财产基尼系数由0.45上升到0.725。此外，中国人民银行公布的《2019年中国城镇居民家庭资产负债情况调查》也显示，我国顶端10%的家庭总资产占调查样本中全部家庭总资产的47.5%，而底端20%的家庭这一比例为2.6%[①]。由此可见，我国家庭间的财富不平等现象较为严重。若此现象不能得到有效缓解，不仅会造成严重的社会问题（如激化阶层矛盾），影响社会的和谐稳定发展，还会影响经济增长与经济效率的提升[②]。因此，围绕中国家庭的财富水平展开研究是有意义的。那么，哪些因素影响了中国家庭的财富水平？导致财富不平等的原因又有哪些？研究这些问题具有重要的理论与现实意义。

随着我国人均可支配收入水平的提高，家庭参与金融市场的深度和广度都有了明显提升，家庭的金融资产配置比例也随之增长，因此，家庭合理配置资产以实现财富增值也愈发重要。例如，住房体制改革后，中国房

① 中国人民银行调查统计司城镇居民家庭资产负债调查课题组，《2019年中国城镇居民家庭资产负债情况调查》。

② 李涛等（2014）发现，财富不平等会通过抑制消费与有效需求来影响经济增长。

地产市场持续火爆，房地产价格不断上涨，是否配置房产已成为影响家庭财富积累的重要因素之一。然而，现有文献大多从家庭基本特征（Meng，2007；梁运文 等，2010；巫锡祎，2011；宁光杰，2014；吴卫星 等，2016；何金财 等，2016）和家庭外部因素（李实 等，2005；陈彦斌，2008；陈钊 等，2010）来解释家庭财富水平的差异与财富不平等的原因，而忽略了来自家庭投资决策方面的影响。由于投资决策的复杂性，家庭需要具备较高的信息搜集与处理的能力。现有研究已证实，金融知识对信息的搜寻与处理有着重要的影响（Van Rooij et al.，2011；尹志超 等，2014）。例如，金融知识能帮助家庭更好地理解和掌握金融产品的情况，从而选择更合适的产品进行投资，进而降低投资风险与失败的概率。随着金融产品的多样化和复杂化，金融知识的重要性显得尤为突出。因此，金融知识很可能通过改变家庭的投资决策对中国家庭财富的分布产生重要影响。那么，金融知识对中国家庭财富不平等的相对贡献度有多大？具体的影响机制有哪些？普及金融知识是否会缓和财富不平等呢？这些问题将在本章得到深入的分析与讨论。

本章使用中国家庭金融调查（CHFS）2015 年的数据，实证研究了金融知识对家庭财富不平等的影响。为了缓解内生性问题，本章利用家庭经济金融类专业知识背景构造金融知识的工具变量进行估计。研究发现，金融知识可以显著增加家庭的财富水平，且这一影响对城市家庭、东部地区家庭更显著。在此基础上，结合 2014 年中国家庭追踪调查数据（CFPS），将金融知识划分为基础金融知识与高级金融知识，进一步研究了不同维度金融知识对家庭财富积累的影响，研究发现：基础金融知识对农村家庭的财富水平影响更大，而高级金融知识对城市家庭的财富水平影响更大。随后的机制分析表明，金融知识水平的提高会促进家庭的风险市场参与，提高风险资产的配置比率，并帮助家庭分散化投资，以获取更高的收益，进而实现财富积累。最后，运用基于回归的夏普里值分解方法研究了金融知识对财富不平等的贡献度。结果表明，金融知识对全样本财富不平等的解释比率为 22.33%，且对城市家庭财富不平等的解释力高于农村家庭。由此可见，金融知识水平的差距也是导致家庭财富不平等的重要原因之一。

考虑到金融知识对家庭金融行为与金融福祉的重要影响，本章试图探究金融知识对家庭财富不平等的影响，这也为研究我国财富不平等的原因提供了一个新的视角。因此，本章研究既是对现有金融知识影响后果文献的一个重要补充，也为治理我国财富不平等状况提供了新思路。

本章接下来的部分安排如下：第二部分介绍数据来源与指标设计；第三部分描述模型设定；第四部分为实证分析，首先讨论了实证结果，其次进行了稳健性检验，最后从资产选择的视角进行了影响机制分析；第五部分对家庭财富不平等系数进行夏普里值分解；第六部分是结论与政策建议。

4.2 数据来源与指标设计

与上一章实证部分使用的数据一致，本章使用的数据也来自西南财经大学中国家庭金融调查与研究中心的中国家庭金融调查（CHFS）。考虑到金融知识的相关问题仅在2013年及以后的调查中出现，且在目前公开的数据中，2015年的金融知识调查覆盖面最广，也与本章稳健性检验部分的另一调查样本时间最为接近，可比性较强，故本章选取2015年的调查数据进行实证研究。2015年的调查样本覆盖了全国29个省351个县1 396个村（居）委会的37 000多户家庭[①]。

本章的目的在于考察金融知识对家庭财富不平等的影响，因而合理构造指标与设计实证模型是本章的关键，下面就变量选取进行说明。

（1）家庭财富水平界定

参考Lusardi等（2017）的研究，本章的被解释变量是家庭的财富净值，即家庭总资产与总负债之差，它也代表了家庭持有的货币单位净资产。在中国家庭金融调查的问卷中，家庭的资产包含：非金融资产（房产、土地、车辆、生产经营项目及其他）与金融资产（存款、股票、基金、理财产品、债券、衍生品、非人民币资产、贵金属、现金及其他）；家庭的负债包含：银行贷款、借出款、其他负债（教育、医疗等）。由于家庭财富净值的单位较大，为了避免回归系数过小，增加结果的解释力与可读性，本章将被解释变量除以100 000，使其单位变为十万元。

（2）金融知识指标

不同于其他微观调查问卷中受访者自评的金融知识水平，中国家庭金

① 数据来源：https://chfs.swufe.edu.cn/index.htm。

融调查从利率计算、通货膨胀及投资风险三个方面客观考察了受访者的金融知识水平。2015 年的调查中金融知识相关问题的回答情况、选项分布情况、各选项对应的题数均值如上一章图 3-1、图 3-2、图 3-3 所示（三个具体的问题详见附录 A）。

与上一章一致，本章在以往文献的基础上（Van Rooij et al., 2011; Lusardi et al., 2011），主要采用因子分析的方法构建金融知识指标。具体来说，我们认为回答错误的受访者可能了解部分金融概念，而回答“不知道”的受访者可能完全不知道这些概念，故前者与后者的金融知识水平极有可能不同。因而，为了进一步区分每个问题的上述两种回答情况，本章对其分别构建两个虚拟变量。其中，是否回答正确由第一个虚拟变量体现，回答正确为 1，否则为 0；是否直接回答由第二个虚拟变量体现，回答“不知道”为 0，否则为 1。以这六个虚拟变量为依据，我们采用迭代主因子法进行因子分析，因子分析结果也与上一章一致（见表 3-3、表 3-4）。由此，我们构造了金融知识的指标，即“金融知识（因子分析）”，记为 FL_factor；并将其作为解释变量用于后文的基准回归中，其描述性统计见表 4-1。

此外，考虑到现有文献中也有采用受访者回答正确的问题个数来衡量金融知识（Agnew et al., 2005; Guiso et al., 2008），故本书采用这一指标（记为 FL_score）作为金融知识的另一衡量指标，并用于本章的稳健性检验。

（3）控制变量

参考以往文献，本章选取的控制变量包括受访者特征变量与家庭特征变量。其中，受访者特征变量包括年龄、年龄平方、性别（男性为 1）、婚姻状况（已婚为 1）、户口所在地（农村为 1）、受教育年限（单位：年）、风险偏好（0~5 且 5 代表风险偏好程度最高）、政治面貌（党员为 1）[①]；家庭特征变量包括家庭规模、健康状况（0~4 且 4 代表健康状况最好）、家庭收入。数据处理后，得到了 11 419 户样本[②]，变量的描述性统计见表 4-1。

---

① 宁光杰. 居民财产性收入差距：能力差距还是制度阻碍？——来自中国家庭金融调查的证据 [J]. 经济研究，2014，49 (S1)：102-115.

② 本章的样本量明显少于上一章，主要源于家庭负债数据缺失较多。在数据处理时，参考以往研究的做法，本章剔除了财富的极端值（1%）。

从表4-1可知，样本中受访者的平均受教育年限为9.477，平均年龄为46.745，大部分受访者为男性、已婚并居住在城市，且风险偏好程度偏低；受访者中党员的比例为14.5%。对于样本中的受访家庭，大多数家庭规模为3或4人，且家庭成员身体健康。因子分析得到的金融知识（因子分析）指标均值接近0.053，家庭平均答对金融知识问题数接近1，且不同家庭间金融知识水平差异明显。

表4-1 变量定义及描述性统计

变量	变量定义	观测值	均值	标准差	中位数
FL_factor	金融知识（因子分析）	11 419	0.053	0.711	0.127
FL_score	金融知识（评分加总）	11 419	0.975	0.927	1
Hhwealth	家庭净财富	11 419	8.858	19.332	3.051
Age	年龄	11 419	46.745	12.796	47
Male	性别	11 419	0.532	0.498	1
Married	婚姻状况	11 419	0.878	0.326	1
Schooling	受教育年限	11 419	9.477	4.489	9
Rp	风险偏好	11 419	1.950	1.326	2
Size	家庭规模	11 419	3.966	1.671	4
Health	健康状况	11 419	2.290	0.975	2
Rural	户口所在地（农村）	11 419	0.375	0.484	0
CPC	政治面貌	11 419	0.145	0.352	0
Log（Income+1）	家庭收入对数	11 419	6.640	5.129	9.835

4.3 研究设计

（1）基准模型

考虑到家庭财富可能小于或等于0（家庭总资产小于或等于总负债），本章不对家庭财富进行其他处理[①]，而是直接将其作为因变量放入回归中，

① 考虑到财富数据的量级较大，部分研究将财富进行对数处理后放入回归模型，以降低数据的波动性。然而，这样处理存在不妥之处，即这种处理方式过滤掉了财富小于或等于0的样本（肖争艳 等，2012）。

这也有助于解释回归结果。因此，本章采用 OLS 模型来检验金融知识对家庭财富水平的影响，基准回归方程如下：

$$HhWealth_{ij} = \propto_0 + \propto_1 FL_{ij} + \propto_2 X_{ij} + Prov_j + \varepsilon_i \quad (4-1)$$

其中，$HhWealth_{ij}$ 表示受访者 i 的家庭财富水平；FL_{ij} 表示受访者 i 的金融知识水平；X_{ij} 是控制变量（包括受访者年龄、年龄平方、性别、婚否、受教育年限、政治面貌、风险偏好程度、家庭收入、户口所在地等）；ε_i 是模型的残差，并服从以下分布：$\varepsilon_i \sim N(0,\ \sigma^2)$。考虑到中国省级层面的显著差异，本书在回归中还控制了省级层面固定效应 $Prov_j$。

此外，后文中还用到了 Probit 模型和 Tobit 模型，其设定如下。

Probit 模型：

$$Y = 1(\propto_0 + \propto_1 FL_{ij} + \propto_2 X_{ij} + Prov_j + \varepsilon_i > 0) \quad (4-2)$$

其中，$\varepsilon_i \sim N(0,\ \sigma^2)$；

Tobit 模型：

$$\begin{cases} y_i^* = \propto_0 + \propto_1 FL_{ij} + \propto_2 X_{ij} + Prov_j + \upsilon_i \\ Y_i = \max(0,\ y_i^*) \end{cases} \quad (4-3)$$

（2）内生性问题

方程（4-1）中 FL_{ij} 的系数代表了金融知识对家庭财富水平的影响，但考虑到反向因果与遗漏变量的影响，上述方程的主回归系数并不能准确解释两者间的因果关系，即存在内生性问题。具体而言，对于反向因果问题，我们还需考虑到受访者是否为了增进财富积累而主动学习经济或金融类的相关概念，了解金融市场的运作模式，以提高自身的金融知识水平；而对于遗漏变量问题，我们也需要考虑到是否有其他难以观测到的变量同时影响着受访者的金融知识以及家庭财富水平，比如家庭间的能力差异、地区层面文化或历史等因素的差异。因此，本章通过构建工具变量缓解上述内生性问题，进一步识别解释变量对被解释变量的净效应。

与上一章一致，本章借鉴 Lusardi 等（2015）、秦芳等（2016）的做法并结合调查问卷中涉及的相关内容，基于问卷中考察受访家庭过往经济金融类学习经历的问题，选取“家庭经济金融类专业知识背景”作为家庭金融知识水平的工具变量。首先，家庭的经济金融类专业知识教育显然会影响其金融知识水平；其次，在本问卷调查期间，国内的专项财经类培训课程相对较少，故受访者或其他家庭成员学习经济类或金融类专业知识大多在学生生涯阶段（国民教育），这相对于家庭的金融行为是前定、外生的，且家庭的金融行为对已接受的教育也不会产生影响。因此，上述工具变量满足相关性和外生性条件，用于主回归中也是合适的。在后续稳健性检验中，我们还使用了其他的工具变量来进一步讨论内生性问题。

4.4 实证分析

4.4.1 实证回归结果

（1）金融知识对家庭财富的影响

根据前文的变量定义与模型设定，我们得到了表 4-2 中的回归结果。总体上，表 4-2 中的结果表明，金融知识对家庭财富水平有显著的正向影响。在控制了家庭、受访者特征与地区固定效应后，该影响仍在 1%水平上显著。具体地，在（2）列的 OLS 估计结果中，解释变量金融知识的估计系数为 2.430，我们对其解释为家庭金融知识水平每增加一个单位，会导致其财富水平增加 2.430，转化到标准差上约为 8.93%，这表明金融知识水平越高，家庭的财富水平也越高，且这种影响效应并不小。(3)、(4) 列为 2SLS 模型估计结果，金融知识水平对家庭财富水平的影响在纠正了内生性后仍在 1%的水平上显著存在。其中，（4）列的估计结果表明，家庭经济金融类学习经历对金融知识的正向影响在 1%的水平显著，且第一阶段 F 值（69.90）大于 10（Stock et al.，2005），拒绝了弱工具变量假设①。因此，选择家庭经济或金融类专业知识背景作为金融知识的工具变量是合适的。相比于（2）列，（4）列的估计系数有所提高，这可能是因为“局部平均处理效应”（LATE）使得工具变量法估计的系数被扩大（Imbens et al.，1994）。

此外，控制变量的估计结果还表明，家庭财富水平会随家庭总收入、受访者风险偏好的提高而增加，而受教育年限更长、已婚、居住在城市的受访者家庭财富水平也更高，这可能是因为他们更有动机、能力与资源去参与金融市场，并有效进行风险资产投资。此外，女性受访者的家庭财富水平也更高。

---

① 此外，我们还对二阶段最小二乘估计的结果进行了 Durbin-Wu-Hausman（DWH）检验，DWH 检验的 P 值也显著，表明 2SLS 回归有意义，内生性检验通过。

表 4-2　金融知识对家庭财富的影响

变量	OLS	OLS	2SLS	2SLS
	(1)	(2)	(3)	(4)
FL_factor	5.821*** (0.264)	2.430*** (0.291)	8.345*** (0.712)	7.551*** (0.961)
Age		0.332*** (0.094)		0.889*** (0.198)
Age2		-0.002*** (0.001)		-0.004*** (0.001)
Male		-0.802** (0.349)		-1.767*** (0.627)
Married		0.236** (0.104)		1.992* (1.094)
Schooling		0.697*** (0.062)		1.704*** (0.496)
Rp		1.161* (0.653)		3.295* (1.717)
Size		0.390 (0.292)		0.760 (0.602)
Health		1.029 (0.883)		0.476 (0.440)
Rural		-4.025*** (0.356)		-4.636** (1.938)
CPC		1.793** (0.798)		2.624** (1.324)
Log（Income+1）		0.346*** (0.047)		0.474*** (0.077)
省份固定效应	是	是	是	是
样本量	11 419	11 419	11 419	11 419
R-squared	0.140	0.183	0.057	0.078
第一阶段回归结果				
经济或金融类课程学习经历			0.643*** (0.018)	0.141*** (0.017)
F 值			1 154.04	69.90

注：***，** 和 * 分别表示在 1%，5%和 10%水平下显著，括号内为聚类异方差稳健标准误（按省份-出生年份聚类分析，避免异方差和组内自相关）。以下相同。

（2）分样本讨论

考虑到中国的城乡差距以及东西部差异（周洋 等，2017），我们检验了金融知识对家庭财富水平的影响在城乡子样本、东西部样本上的差异，结果如表 4-3 所示。表 4-3 中前两列的 2SLS 估计结果表明，金融知识对家庭财富水平的促进作用在城市户口的受访者上更显著，而对农村户口的受访者不显著，即金融知识更可能提高城市居民的家庭财富水平。其背后的原因可能为相比于城市居民，农村居民通过金融知识积累实现财富增值的渠道相对较少，故受到金融知识的影响也有限。而城市居民更可能参与金融市场，接触不同类型金融产品的机会也相对较多，故金融知识对其财富积累的帮助也更大。

此外，我们还检验了金融知识对家庭财富水平影响的区域差异。表 4-3 中的后两列结果表明，金融知识对财富水平的影响对东部地区与中西部地区的受访家庭均显著，但对东部地区受访家庭影响的显著性更高，即东部地区家庭的财富水平受到金融知识的影响可能高于中西部地区。其原因可能是中西部地区的经济、金融发展水平普遍落后于东部地区，故当地居民参与金融市场、接触金融产品的机会也较少，金融知识发挥的作用也相对有限。

总体上，金融知识对家庭财富积累的促进作用在城乡间的差异更明显，相比之下，上述效应在东西部地区间的差异并没有城乡间那么明显。

表 4-3　金融知识对家庭财富的影响（分样本回归结果）

变量	城市样本	农村样本	东部样本	中西部样本
	2SLS	2SLS	2SLS	2SLS
	(1)	(2)	(3)	(4)
FL_factor	9.628***	6.884	7.001***	1.799*
	(1.304)	(7.059)	(2.033)	(0.963)
控制变量	是	是	是	是
省份固定效应	是	是	是	是
样本量	7 134	4 285	4 838	6 581
R-squared	0.137	0.090	0.189	0.167
第一阶段回归结果				
经济或金融类课程学习经历	0.118***	0.221***	0.113***	0.173***
	(0.017)	(0.062)	(0.022)	(0.025)
F 值	44.88	12.63	24.66	45.14

注：***，** 和 * 分别表示在 1%，5%和 10%水平下显著，回归结果中所有控制变量均与前文相同。为节省篇幅，没有报告控制变量的结果。以下相同。

4.4.2 稳健性检验

首先，不同于上文中基于因子分析法得到的金融知识指标，本书采用以往研究中金融知识的另一种度量方式（Agnew et al.，2005；Guiso et al.，2008；Lusardi et al.，2011），即答对问题的总数并记为FL_score，其描述性统计见表4-1。本书将其作为前文中主回归变量金融知识（因子分析）FL_factor的替代指标，再次回归，结果见表4-4前两列。显然，在FL_factor指标下，金融知识对家庭财富的影响仍在1%水平上正显著。并且在考虑了内生性问题的二阶段估计中，第一阶段估计结果再次证实了工具变量的有效性。

表4-4　稳健性检验（替换金融知识指标与工具变量）

变量	金融知识的替代指标		另一个工具变量	克服反向因果
	OLS	2SLS	2SLS	2SLS
	(1)	(2)	(3)	(4)
FL_score	1.451***	3.182***		
	(0.237)	(0.688)		
FL_factor			4.205***	2.107***
			(1.021)	(0.562)
控制变量	是	是	是	是
省份固定效应	是	是	是	是
样本量	11 419	11 419	11 419	6 756
R-squared	0.182	0.157	0.097	0.032
第一阶段回归结果				
经济或金融类课程学习经历		0.210***		0.213***
		(0.031)		(0.026)
是否有家庭成员从事金融业			0.173***	
			(0.027)	
F 值		47.79	39.17	63.49

注：***，** 和 * 分别表示在1%，5%和10%水平下显著。

其次，本书试图通过替换工具变量进一步论证上述结果的稳健性。参照曾志耕等（2015），选取是否有家庭成员从事金融业作为金融知识的另一工具变量，回归结果如表4-4中（3）列所示。其背后的逻辑为大量研究已经证实了家庭可能受到周围人的同辈效应（peer effect）影响，尤其是接触更为频繁的家庭成员影响。因此，若家庭中有成员从事金融业，则其他家庭成员接触与金融有关事物的可能性会大幅提高，进而也会直接影响他们的金融知识水平。而家庭其他成员是否从事金融业对被解释变量而言相对外生，故也可用于本书中。表 4-4 中（3）列的结果表明，在“家庭成员是否从事金融业”的工具变量下，金融知识对家庭财富的影响仍在1%水平上正显著，且第一阶段回归结果通过了弱工具变量检验，此工具变量有效，这也证实了主回归结果的稳健性。

再次，为了进一步克服由反向因果导致的内生性问题，本书选用 2013 年数据中的解释变量（金融知识）与 2015 年数据中的被解释变量（家庭财富水平），并将两者合并在一起构造混合截面数据进行回归，回归结果见表 4-4 中（4）列。回归结果表明，金融知识对后一期的家庭财富积累也有显著的影响，且该效应仍在 1% 水平上正显著，这也再次支撑了前文的回归结果。

最后，本书还使用另一个样本以检验上述效应是否依旧存在。考虑到金融知识对家庭财富水平的影响存在显著的城乡差异，那么不同维度的金融知识对家庭财富积累是否也存在异质性？基于此，本章选择由北京大学中国社会科学调查中心开展的 2014 年中国家庭追踪调查（China family panel studies，CFPS）作为补充样本[①]，以检验不同维度的金融知识（基础金融知识与高级金融知识）对家庭财富积累的影响，进而支撑本章主回归结果的稳健性。

2014 年 CFPS 的调查样本覆盖了来自 25 个省、市、自治区的16 000户家庭。在金融知识的客观测评模块中，该调查设计了关于定期利率认知、存款到期计算等 13 个问题[②]。参考 Van Rooij 等（2011，2012）、Chu 等（2016）、Niu 等（2020），本章将金融知识划分为基础金融知识与高级金融知识。相比于高级金融知识，基础金融知识相对简单，主要考察基本金融概念。根据 CFPS 中对金融知识的度量（具体问题详见附录 C），本章划分的基础金融知识由 7 个问题组成，高级金融知识由 6 个问题组成。同时，本章用受访者正确回答问题的个数（Agnew et al.，2005；Guiso et al.，2008）来衡量这两个维度的金融知识。故基础金融知识的得分在 0～7 之间，而高级金融知识的得分在 0～6 之间。

---

① 中国家庭追踪调查中仅 2014 年的调查涵盖了不同维度的金融知识，且与本章主数据时间上接近。

② 数据来源：http://www.isss.pku.edu.cn/sjsj/cfpsxm/index.htm。

该样本中基础金融知识问题的正确率如下图 4-1 所示。在 7 个基础金融知识客观测度问题中，投资风险理解问题的正确率最高，超过 80%；央行职能理解问题的正确率最低，刚到 30%；其他 5 个问题的正确率在 45%~70%。同样地，高级金融知识问题的正确率如图 4-2 所示。在 6 个高级金融知识问题中，产品投资风险问题的正确率最高，接近 70%；基金概念理解问题的正确率最低，刚超过 10%，其他 4 个问题的正确率在 15%~39%。

100
90
80
70
60
50
40
30
20
10
0
比例/%
定期利率认知
存款到期计算
存款续存计算
通货膨胀认知
货币价值比较
投资风险理解
央行职能理解
问题
回答正确比例

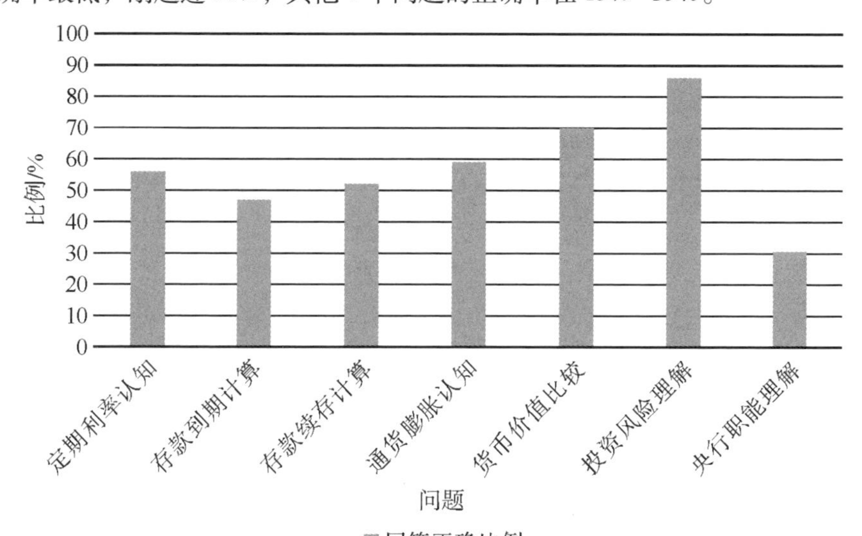

图 4-1 CFPS 中基础金融知识问题回答正确情况

80
70
60
50
40
30
20
10
0
比例/%
股票投资风险
产品投资风险
股票购买理解
基金概念理解
理财产品内涵
股票市场功能
问题
回答正确比例

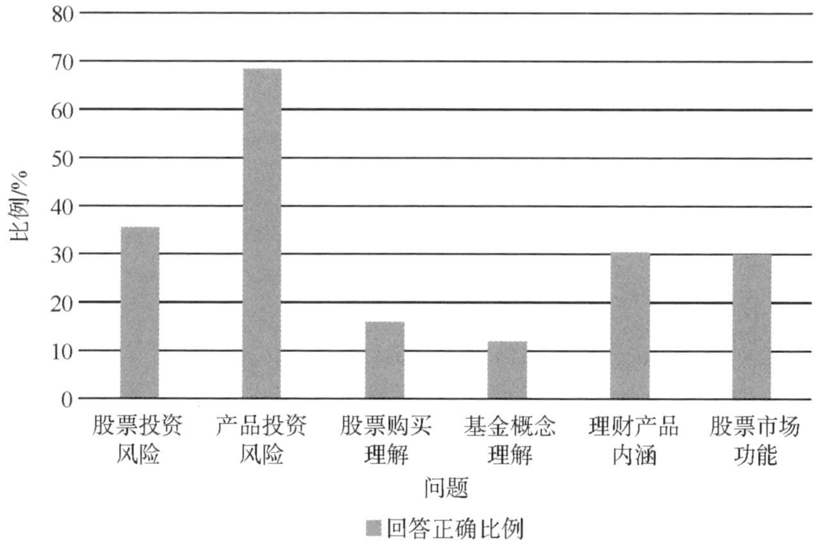

图 4-2 CFPS 中高级金融知识问题回答正确情况

显然，基础金融知识问题的回答正确率要高于高级金融知识；相比于2015年中国家庭金融调查，2014年中国家庭追踪调查中金融知识问题的平均正确率略高，这可能源于2014年中国家庭追踪调查的受访者大部分为城市居民①，故其金融知识水平相对于全国平均水平略高，但考虑到两个调查中具体测度问题存在差异，故对此比较结果不进行过度解读。

考虑到金融知识的内生性问题（尤其是高级金融知识指标更可能存在测量误差与反向因果的问题），借鉴 Van Rooij 等（2011，2012），在此选取家庭所在社区的其他家庭平均高级金融知识水平，作为高级金融知识的工具变量（Bucher-Koenen et al.，2011；尹志超 等，2015）。表4-5中前两列的回归结果表明，在CFPS的全样本中，两个维度的金融知识对家庭财富水平的影响仍显著存在。在社区平均高级金融知识水平的工具变量下，上述影响仍正显著，且第一阶段回归结果通过了弱工具变量检验，这也再次证实了主回归结果的稳健性。在城乡分样本的结果中，高级金融知识对城市家庭的财富水平影响更显著，基础金融知识对农村家庭的财富水平影响更明显。这背后的原因可能是：农村家庭的高级金融知识水平相对较低，故高级金融知识对他们的影响相对有限；相比之下，城市家庭间的基础金融知识差异较小，故他们受到基础金融知识的影响也相对有限。

表4-5　稳健性检验（来自另一样本的证据）

变量	全样本		城市样本	农村样本
	OLS	2SLS	2SLS	2SLS
	(1)	(2)	(4)	(6)
基础金融知识	3.334***	1.766*	0.347	4.737***
	(0.789)	(0.960)	(1.143)	(1.584)
高级金融知识	2.746***	7.538***	12.090***	-1.324
	(0.978)	(1.901)	(2.615)	(1.990)
控制变量	是	是	是	是
省份固定效应	是	是	是	是
样本量	2 991	2 991	2 610	381

① 在CFPS 2014中，金融知识的调查基本上是对城市受访者，但仍有少量农村受访者。为了更准确地进行估计，以及考虑到农村样本对本章研究问题的重要意义，在此并未将农村受访者在回归中剔除，而是通过在全样本中控制城乡虚拟变量来控制居住地的城乡差异。此外，在随后的分析中，我们还进行了城乡分样本的检验。

表4-5(续)

变量	全样本		城市样本	农村样本
	OLS	2SLS	2SLS	2SLS
	(1)	(2)	(4)	(6)
R-squared	0.383	0.378	0.359	0.469
第一阶段回归结				
社区平均高级金融知识水平		1.986*** (0.100)	2.413*** (0.226)	2.863*** (0.112)
F 值		394.26	113.25	653.11

注：***，** 和 * 分别表示在1%，5%和10%水平下显著，上表中的数据来源于2014年中国家庭追踪调查。回归结果中所有控制变量、括号内的聚类方式均与前文相同。

4.4.3 影响渠道分析

上述结果证实了金融知识对家庭财富积累的促进作用并且这种作用有显著的城乡差异。因此，在本部分中，本书试图探究金融知识与家庭财富间的影响渠道。现有研究已证实，金融知识可以通过提高投资者的信息搜集与处理能力，进而促进其金融市场参与，并提高其投资决策的质量（Van Rooij et al.，2011；尹志超 等，2014）。基于此，金融知识可能会通过促进家庭的金融市场参与、分散化资产配置，以获取更高的收益，进而实现财富积累。下文分别对上述三种潜在的影响渠道进行了检验。

（1）风险市场参与渠道

参考尹志超等（2014），本书通过以下两个指标来检验金融知识的风险市场参与渠道。一是构建风险市场参与指标，即家庭是否参与风险市场的虚拟变量。当家庭持有股票、基金、外汇、衍生品等风险资产时赋值为1，否则为0。二是构建风险资产占比指标①。基于上述定义，本节使用Probit模型与Tobit模型考察了金融知识的风险市场参与渠道②，回归结果如表4-6所示。

表4-6中前两列的回归结果表明，金融知识水平的提高显著促进了家庭的风险市场参与；而后两列的结果表明，金融知识水平的提高也会使家庭配置更多的风险资产，且上述效应在纠正了内生性后均显著存在。这也

① 该指标为风险资产占金融资产的比重。

② 考虑到风险资产占比指标的截尾性质，此处使用Tobit模型更为合适。

证实了金融知识的风险市场参与效应。

表 4-6　金融知识的风险市场参与渠道

变量	风险市场参与		风险资产占比	
	Probit	IV-Probit	Tobit	IV-Tobit
	(1)	(2)	(3)	(4)
FL_factor	0.080***	0.173***	0.024***	0.182***
	(0.005)	(0.009)	(0.002)	(0.027)
控制变量	是	是	是	是
省份固定效应	是	是	是	是
样本量	11 419	11 419	11 419	11 419
R-squared	0.334	0.286	0.359	0.206
一阶段 *F* 值		67.07		54.91
工具变量 *t* 值		8.19		7.41

注：***，** 和 * 分别表示在 1%，5%和 10%水平下显著，表中汇报的是平均边际效应。

（2）风险分散渠道

参考现有文献的做法（Abreu et al.，2010；曾志耕 等，2015；吴卫星 等，2016；胡振 等，2018），本书通过以下两个指标来检验金融知识的风险分散渠道。一是基于上文中的风险资产定义，构建风险资产种类指标，即家庭持有的风险资产种类总数。二是借鉴 Kirchner 等（2011）的定义，构建了风险资产分散化指数，该指数是一种加权后的风险资产多样性指数，其数值越大代表资产分散化程度越高①。基于上述定义，本节采用两阶段最小二乘估计，回归结果如表 4-7 所示。

表 4-7 中的回归结果表明，金融知识水平的提高显著促进了家庭风险资产的分散化配置；且上述效应在纠正了内生性后显著存在。这也证实了金融知识的风险分散效应。

① 该指标考虑了各风险资产的权重，具体计算方式：1 减去各风险资产权重平方之和，其取值范围在 0 至 1。

表 4-7　金融知识的风险分散渠道

变量	风险资产种类	风险资产分散化指数
	2SLS (1)	2SLS (2)
FL_factor	2.223***	0.754***
	(0.479)	(0.128)
控制变量	是	是
省份固定效应	是	是
样本量	11 213	11 213
R-squared	0.135	0.156
一阶段 F 值	8.73	8.73
工具变量 t 值	76.19	76.19

注：***，** 和 * 分别表示在 1%，5%和 10%水平下显著。

（3）风险市场盈利渠道

参考尹志超等（2014），本书通过以下指标来检验金融知识的风险市场盈利渠道。根据上文的风险资产定义，股票在家庭的风险资产中占比最高。考虑到 2015 年的中国家庭金融调查仅询问了受访者的股票收益情况，并没有调查其他风险资产的收益。基于此，我们使用股票的收益来近似替代风险资产的收益情况。具体地，将问卷中的股票收益问题转化为股票市场是否盈利的虚拟变量，当股票收益大于零时，赋值为 1，否则为 0。基于上述定义，本节采用 Probit 模型来考察金融知识对家庭风险市场盈利的效应，回归结果如表 4-8 所示。

表 4-8 中的回归结果表明，金融知识水平的提高显著增加了家庭风险市场盈利的概率；且上述效应在纠正了内生性后显著存在。这也证实了金融知识的风险市场盈利效应。

表 4-8　金融知识的风险市场盈利渠道

变量	风险市场盈利	
	Probit	IV-Probit
	(5)	(6)
FL_factor	0.087*	0.140**
	(0.049)	(0.057)
控制变量	是	是
省份固定效应	是	是

表4-8(续)

变量	风险市场盈利	
	Probit	IV-Probit
	(5)	(6)
样本量	3 716	3 716
R-squared	0. 107	0. 099
一阶段 F 值		12. 88
工具变量 t 值		3. 59

注：***，** 和 * 分别表示在 1%，5%和 10%水平下显著，表中汇报的是平均边际效应。

4.5 家庭财富不平等的夏普里值分解

上文研究已经证实了金融知识会影响家庭财富积累，那么金融知识分布的不平等是否会影响家庭财富的不平等？本节运用基于回归的夏普里值分解法试图回答这个问题。夏普里值分解的主要思想：将影响财富水平的某一自变量 x 取均值，再将该均值与其他变量的实际值代入财富决定方程来估算家庭财富值，进而计算出该财富值的不平等系数，记为“I^*”。由于上述处理后的指数不再受 x 影响，则 I^* 与基于真实数据得到的财富不平等系数之间的差就是 x 对财富不平等的贡献（何金财、王文春，2016）。

首先，为了了解样本中家庭财富不平等的情况，本书计算出了衡量家庭财富不平等的财富基尼系数①，结果如表 4-9 所示。显然，总体样本、城市样本、农村样本的财富基尼系数分别为 0. 648、0. 614、0. 703，三者均高于 0. 6，表明我国居民家庭财富不平等情况十分严重。参考李实等（2005）的测算结果，2002 年上述三个样本对应的财富基尼系数分别为 0. 55、0. 48 和 0. 40。由此可见，我国居民家庭财富不平等程度在上述三个样本中均明显提高。

---

① 根据 Braggion 等（2021），财富基尼系数的计算假设是每个人的财富构成相同。考虑到本调查中每个人的财富构成可能并不相同，因此本节计算的基尼系数较为粗糙，在此不进行过度解读。

表 4-9 家庭财富不平等系数（CHFS 2015）

	样本量	指数	总系数
总体样本	11 419	基尼系数	0.648
城市样本	7 134	基尼系数	0.614
农村样本	4 285	基尼系数	0.703

随后，基于回归样本，本书进行了夏普里值分解，以了解各变量对财富不平等的贡献度。由于夏普里值分解法的运算量极大，且变量过多时，难以得到结果（赵剑治，2009）[①]。借鉴何金财与王文春（2016）的研究，本书先将年龄、性别等控制变量合并为受访者客观特征变量，再进行分解，结果如表 4-10 所示。

表 4-10 家庭财富不平等分解结果（CHFS 2015）

影响因素	财富不平等贡献度		
	总体样本	城市样本	农村样本
金融知识	22.33%	29.57%	19.87%
受教育年限	24.32%	25.31%	10.56%
受访者客观特征	14.92%	21.09%	6.25%
家庭总收入	25.85%	23.94%	63.32%
城乡变量	12.58%	—	—

表 4-10 的结果表明，金融知识对财富不平等的解释比率在总体样本、城市样本、农村样本中分别为 22.33%，29.57%，19.87%。这说明了金融知识对家庭财富不平等具有一定的解释力，并且在不同的样本中存在明显的差异，例如城市样本中的解释力度明显高于农村样本。

此外，为了进一步了解不同维度金融知识对家庭财富不平等的解释力，我们还在 2014 年的中国家庭追踪调查中进行了夏普里值分解，结果如表 4-11 所示。

① 变量过多指 10 个以上。

表 4-11　家庭财富不平等分解结果（CFPS 2014）

影响因素	财富不平等贡献度		
	总体样本	城市样本	农村样本
基础金融知识	13.97%	13.45%	15.08%
高级金融知识	10.84%	13.11%	1.03%

表 4-11 的结果表明，基础金融知识与高级金融知识对财富不平等的解释比率在上述三个样本中存在明显的差异，例如在农村样本中，基础金融知识的解释比率明显高于高级金融知识，而在城市样本中，两个维度的金融知识的解释比率接近。这也与表 4-5 中的结果一致，即两个维度的金融知识对城市家庭与农村家庭财富水平的影响存在明显的异质性，正如基础金融知识对农村家庭的财富水平影响更明显。

4.6　本章小结

基于中国家庭金融调查 2015 年的数据，本章实证研究了金融知识对家庭财富不平等的影响。首先，研究了金融知识对家庭财富水平的影响，并检验了这种效应是否存在城乡与区域间的差异。其次，结合 2014 年中国家庭追踪调查数据，检验了不同维度金融知识（基础金融知识与高级金融知识）对家庭财富的影响，并对金融知识可能存在的内生性问题进行了纠正。再次，为了探究金融知识与财富水平间的潜在影响渠道，本章从风险市场参与、风险分散与风险市场盈利三个方面展开讨论。最后，运用基于回归的夏普里值分解方法，探究了金融知识对财富不平等的解释力。

研究发现，金融知识可以促进家庭财富积累，且这一影响对城市家庭、东部地区家庭更显著。进一步地，不同维度的金融知识对家庭财富积累的影响也有着明显的城乡差异，即基础金融知识对农村家庭的财富水平影响更大，而高级金融知识对城市家庭的财富水平影响更大，上述效应在纠正了内生性后仍显著存在。机制分析表明，金融知识会促进家庭的风险市场参与，提高风险资产的配置比率，并帮助家庭分散化投资，以获取更高的收益，进而实现财富积累。此外，金融知识分布的不平等也会影响家庭财富的不平等。夏普里值分解结果表明，金融知识对全样本财富不平等的解释比率为22.33%，且对城市家庭财富不平等的解释力高于农村家庭。

本章的研究结果也具有重要的政策意义。中国家庭金融调查数据显示，我国家庭的金融知识水平普遍较低，而金融知识的缺乏也影响了家庭的财富积累。因此，家庭应该重视金融知识的学习与积累，与此同时，政府也应进一步向民众普及金融知识，提高家庭的金融知识水平。具体地，政府可借助互联网与新媒体的力量，结合线上线下的推广方式，从多种渠道积极推进金融知识的普及工作。此外，政府在普及金融知识时，在城镇地区和农村地区应该各有侧重，即在城镇地区侧重普及高级金融知识，而在农村地区侧重普及基础金融知识。这将有效降低我国居民家庭的金融知识差距，从而缓解我国当前居民家庭财富不平等程度。同时，为了更好地检验金融知识普及活动的效果，各地应建立有效的评估系统作为普及活动的配套设施。基于此，金融知识普及活动的方向和力度也可根据评估系统反馈的结果适当地调整，以保证普及活动的效果。这有利于增加家庭参与金融市场的深度，提高家庭的金融福祉，并推动我国金融市场健康发展。

5 金融素养的现状：国际比较与国内经验

5.1 引言

金融知识可以帮助人们更好地做出金融决策，而金融知识缺乏带来的后果也是严重的。现有研究已经证实金融知识带来的好处是多方面的：具有较高金融知识水平与较强理财能力的人在退休储蓄上做得更好（Behrman et al., 2012; Lusardi et al., 2014）；对金融概念有更深入理解的人更容易参与金融市场并进行股票投资（Christelis et al., 2010; Van Rooij et al., 2011; Yoong, 2011; Almenberg et al., 2015）；较高的金融知识水平也可以提高家庭的金融弹性，减少财务风险（Lusardi et al., 2015; Hasler et al., 2018）；此外，掌握金融知识的人更可能选择基金以及多样化的储蓄方式（Hastings et al., 2008; Hastings et al., 2020; Hastings et al., 2011）。相比之下，金融知识缺乏的后果主要体现在：不理解利息组合概念的消费者会支付更高的交易费用，从而积累更大的债务，产生更高的贷款利率（Stango et al., 2009; Lusardi et al., 2013; Lusardi et al., 2015）；较低的计算能力也被证实与抵押贷款违约有关（Gerardi et al., 2013）。

随着全球范围内金融产品的日益复杂，人们对基础金融知识的需求也与日俱增（Lusardi et al., 2014）。例如，在世界多国政府的积极推动下，金融服务正逐步普及，持有银行账户与使用信贷产品的人数也逐年增加。同时，随着全球老龄化人口的增加，家庭养老需求也对居民的金融决策能力提出了更高的要求。

此外，金融知识对金融体系的运行也会产生影响（Widdowson et al., 2007）。首先，金融知识水平更高的消费者更有能力做出投资决策，这可以促使金融机构提供更具创新性的产品和服务。其次，掌握金融知识的消费者也更有可能对风险与收益的权衡有更深刻的认识，并更可能发现新的问题，促使金融机构完善产品和服务。最后，从长期来看，为了满足消费者的需求，作为金融产品与服务的提供方，金融机构也会逐步提高服务标准与风险管理水平，从而提高金融市场的服务效率，促进行业发展。

基于此，从全球的视角探讨金融知识的差异具有重要意义。本章通过使用标普全球金融知识调查数据以及国际比较的研究方法，从微观层面研究了金融知识与金融体系间的关系。首先，通过问卷中包含的四个基本金融知识问题（风险分散认知、通货膨胀理解、利率计算、复利计算）构造金融知识的全球统一度量指标，并比较了金融知识水平的国别差异与人口统计学差异。在此基础上，进一步探究了金融知识水平国家层面差异背后的原因。其次，结合国家层面的回归分析再次检验了国家层面的影响因素。最后，结合中国的数据讨论了金融知识的国内现状与区域差异。研究发现，在世界范围内，仅三分之一的成年受访者掌握了金融知识，且男性、年轻群体、收入较高、受教育水平较高、使用过金融服务的人，其金融知识水平也相对较高，这一现象在发达国家与发展中国家均存在。我国的金融知识水平虽高于亚洲平均水平，但仍低于全球平均水平。在国家层面的特征中，经济发展水平、教育水平、文化因素、法律体系、金融发展水平、金融服务均与金融知识水平有显著的正相关关系。在对金融服务与金融知识的讨论中，我们发现，尽管金融服务对金融知识有溢出作用，但缺乏金融知识的账户持有者可能无法从其本该获得的金融服务中充分获益。此外，我国居民的金融知识水平也存在显著的区域差异，即东部地区明显高于中西部地区。这可能源于地区间经济发展水平、教育水平、法律环境、金融发展水平、金融服务的差距。

因此，本章研究既从国别层面与国内地区层面探讨了与金融知识水平有关的因素，也为本书后续章节的微观分析提供了宏观基础。同时，本章也试图为解释金融知识与金融市场的关系提供全球微观证据。

本章接下来的部分安排如下：第二部分介绍了数据来源与指标设计；第三部分描述了世界各国的金融知识差异；第四部分讨论了不同人口统计学特征下的金融知识差异；第五部分分析了国家层面的金融知识相关因素；第六部分讨论了金融知识的国内经验与现状，即国内地区间的金融知识差异及背后可能的原因；第七部分是结论与政策建议。

5.2 数据介绍

本章使用的数据来自标普全球金融知识调查问卷（standard & poor's ratings services global financial literacy survey，简称 The S&P Global FinLit Survey）。该项调查由标普公司组织，合作方包括 Gallup World Poll 问卷调查公司、国际金融知识水平中心①以及乔治华盛顿大学。标普全球金融知识调查是在现有的国际家庭金融微观调查基础上，选取全球通用且答案一致的问题对家庭金融知识水平进行调查，问卷覆盖了来自 148 个国家的 15 万名 15 岁以上受访者。因此，该项调查也是在世界范围内首次将各国居民的金融知识水平进行可量化的国际比较，它也是目前唯一可得的全球范围内覆盖国家最广的标准化金融知识微观调查。

标普全球金融知识问卷参照现行国际公认的金融知识度量维度，设计了关于风险分散认知、通货膨胀理解、利率计算与复利计算四个问题以考察受访者的金融知识水平，具体问题如表 5-1 所示。

表 5-1 标普全球金融知识调查具体问题

序号	问题	选项	正确选项
1	风险分散认知： 假设您有一笔钱，请问您认为投资到一处还是投资到多处更安全呢？	a. 投资到一处 b. 投资到多处 c. 不知道 d. 拒绝回答	b
2	通货膨胀理解： 假设未来十年物价会翻倍，如果您的收入也翻倍，那么与现在相比，您能买到的东西会？	a. 变少 b. 相同 c. 变多 d. 不知道 e. 拒绝回答	b
3	利率计算： 假设您要去借 $ 100，下述金额哪个更小：$ 105 与 $ 100 加上 3%的利率？	a. $ 105 b. $ 100 加上 3%的利率 c. 不知道 d. 拒绝回答	b

① Global Financial Literacy Excellence Center，简称 GFLEC。

表5-1(续)

序号	问题	选项	正确选项
4	复利计算： (1) 假设您有一笔钱存银行两年，银行的年利率是 15%，银行第二年给您的利率与第一年的利率比会? (2) 假设银行的年利率是 10%，您现在有 \$ 100，如果您将其存 5 年定期，5 年后获得的本息和为?	(1) a. 变多 b. 不变 c. 不知道 d. 拒绝回答 (2) a. 大于 \$ 150 b. 等于 \$ 150 c. 小于 \$ 150 d. 不知道 e. 拒绝回答	(1) a (2) a

表 5-1 中的金融知识问题与日常生活中的金融决策息息相关，且在全球范围内具有普适性。上述四个问题所涉及的风险分散认知、通货膨胀理解、利率与复利计算对家庭金融决策与风险管理也起到了重要作用，例如利率与复利计算是储蓄与借款决策中的基本概念，而风险分散意识对于投资理财决策也至关重要。因此，上述问题用于金融知识水平的国际比较也是合适的。

考虑到复利计算相对于其他问题更为复杂，该问卷设计了两个问题来测试受访者对此概念的理解，并将任意回答正确其中一道问题的受访者视为掌握了复利计算。此外，本章运用受访者对上述四个问题的回答构造出掌握金融知识的指标，即能至少回答正确上述三个问题的人被认为掌握了金融知识。基于此，本章试图从以下两个方面进行金融知识的国际比较。

5.3 金融素养的国别差异

标普全球金融知识调查数据显示，在世界范围内，掌握金融知识的成年人仅占三分之一，并且国家间的居民金融知识水平差距较大。缺乏金融知识的人大多在发展中国家，而欧洲、北美、大洋洲的国家居民金融知识水平相对较高。在问卷覆盖的所有国家中，丹麦、挪威和瑞典的居民金融知识水平最高，均为 71%；紧随其后的是加拿大、德国、以色列、荷兰和英国，在这些国家中掌握金融知识的成年人比例均超过 65%。

在五大洲中，欧洲的平均金融知识水平相对较高，但北欧与南欧仍有明显差异。例如，北欧的丹麦、挪威和瑞典的金融知识水平全球最高，而南欧的意大利（37%）和葡萄牙（26%）则远低于北欧。在亚洲，新加坡是具备金融知识的成年人占比最高（59%）的经济体，随后是日本（43%）。我国具备金融知识的成年人占比为 28%，即风险分散、通货膨胀和利率等重要金融概念仅被 28%的成年人掌握，剩余 72%的成年人不能正确理解这些概念。在全球范围内，我国的金融知识水平（28%）介于亚洲平均水平（25%）与全球平均水平（33%）之间。而亚洲地区的平均水平低于全球平均水平也表明，尽管亚洲金融市场近年来不断发展，各种类型的金融产品层出不穷，但大部分亚洲消费者无法准确认知信贷、复利等重要金融概念。

此外，金融知识水平在发达国家与发展中国家间也有较大差异，下面将以主要发达国家（加拿大、法国、德国、意大利、日本、英国与美国，即 G7 国家①）以及主要新兴经济体（巴西、俄罗斯、印度、中国与南非，即 2024 年 1 月 1 日前的“金砖五国”②）为例来比较金融知识在国家间的差异。G7 国家的金融知识水平如图 5-1 所示，金砖五国的金融知识水平如图 5-2 所示。显然，G7 国家的金融知识水平明显高于金砖五国，并且在 G7 国家内，各国的金融知识水平也有差距：从最低的 37%（意大利）到最高的 68%（加拿大）。而在金砖五国内也存在国家间的明显差距，金融知识水平从最低的 24%（印度）到最高的 42%（南非）。

---

① G7 国家：即七国集团（group of seven），是主要工业国家会晤和讨论政策的论坛，成员国包括美国、英国、法国、德国、日本、意大利和加拿大七个发达国家。

② 金砖国家（BRICS），最初是引用巴西（Brazil）、俄罗斯（Russia）、印度（India）、中国（China）四国英文名称首字母组成缩写词。因“BRICs”拼写和发音同英文单词“砖”（bricks）相近，中国媒体和学者将其译为“金砖国家”。2011 年，南非（South Africa）正式加入金砖国家，英文名称定为“BRICS”。2024 年 1 月 1 日，沙特阿拉伯、埃及、阿联酋、伊朗、埃塞俄比亚成为金砖国家正式成员。本书中选取最初的五个金砖国家作为研究对象，简称“金砖五国”。

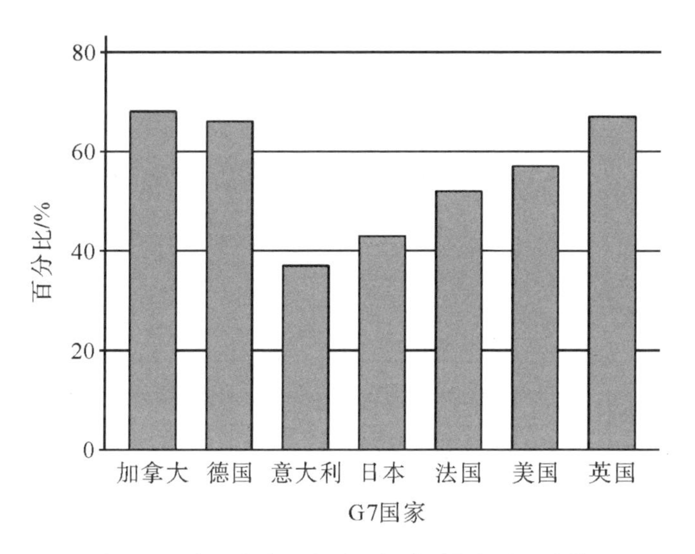

图 5-1 主要发达国家（G7）金融知识水平比较

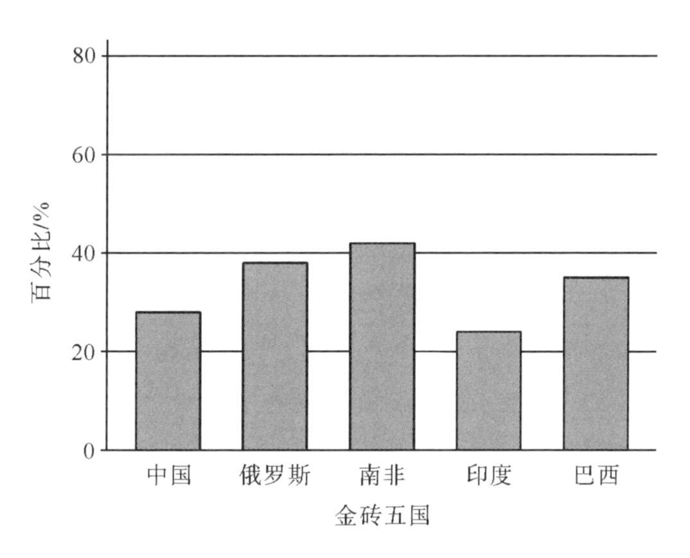

图 5-2 主要新兴经济体（金砖五国）金融知识水平比较

在金融知识的四个分项问题中，通货膨胀和利率计算是受访者掌握最好的两个分项，其比例均达到了 50%，也就是说，在世界范围内有超过一半的成年人能掌握这两个基本金融概念。相比之下，居民对风险分散的掌握较差，其比例刚超过 40%。如图 5-3 所示，在 G7 国家中，超过 60%的成年人理解风险分散、通货膨胀以及利率计算的基本概念，相比之下，他们对复利计算的理解稍弱；而在金砖五国中，超过 50%的成年人理解通货膨胀与利率计算的基本概念，其次是复利计算，掌握程度最低的是风险分散概念。这也说明各个国家对不同金融知识分项的掌握程度也存在明显的不同，以全球范围内掌握程度最差的风险分散分项为例，G7 国家居民对此分项的掌握程度明显高于金砖五国，并且两者在此分项上的差距也是最大的。对于金融知识分项问题掌握程度的国别差异，我们会在后文中详细讨论。

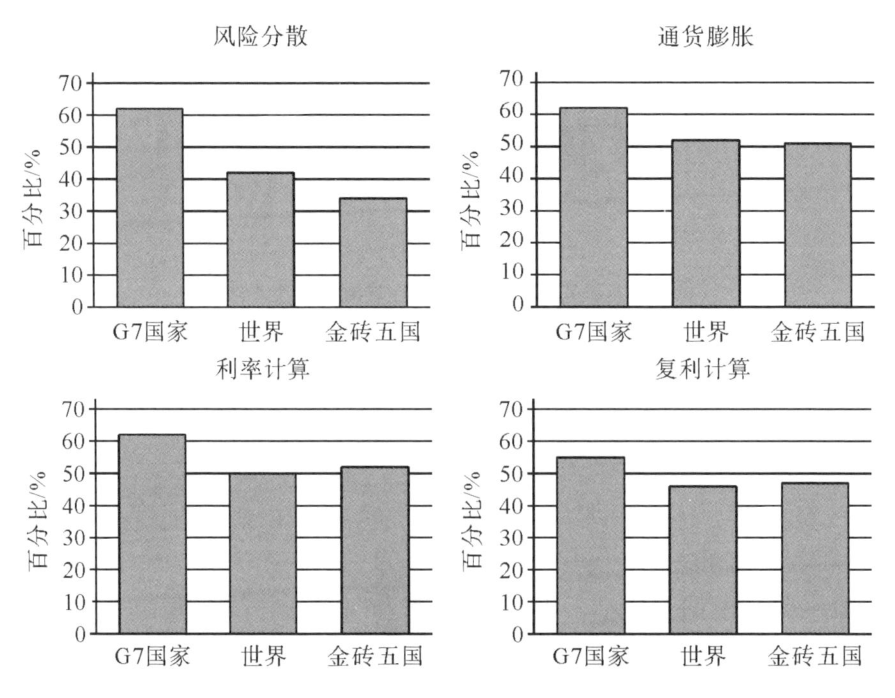

图 5-3　金融知识问题各分项比较

5.4　金融素养的人口统计学差异

金融知识水平的差异不仅体现在国别层面，在不同的人群中也存在异质性。例如，女性、收入较低以及年轻受访者的金融知识水平相对较低。这一现象不仅在发展中国家存在，在发达国家也同样存在。因此，本节进一步讨论了金融知识水平的人口统计学差异。

（1）性别差异

标普全球金融知识调查显示，金融知识的性别差异几乎在每个国家都存在。纵观全球，男性的平均金融知识水平（35%）高于女性（30%），性别差距达五个百分点。尽管女性对金融知识问题回答正确的比例不高，但她们回答“不知道”的比例却相对较高，这也被许多研究证实（Lusardi et al.，2014）。如图 5-4 所示，金融知识在性别上的差异不仅存在于较发达的 G7 国家，在以金砖五国为代表的新兴经济体中也明显存在；并且较发达国家中的性别差异会更大。值得注意的是，中国是金砖五国中仅有的几乎不存在明显性别差距的两个国家之一，另一个是南非。

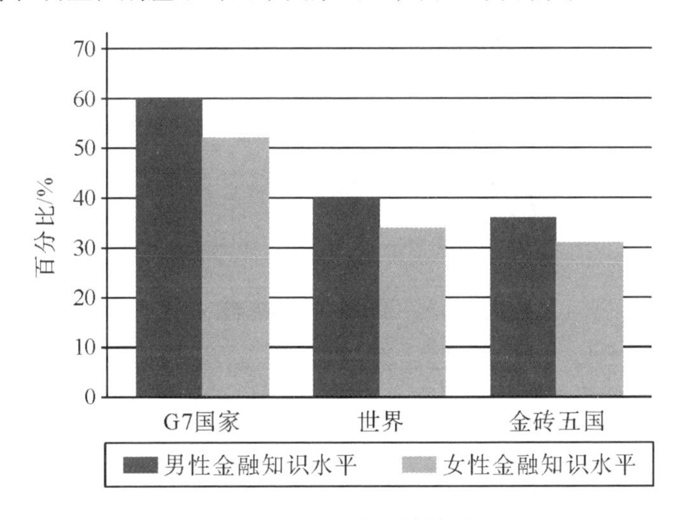

图 5-4　金融知识水平的性别差异

（2）年龄差异

正如图 5-5 所示，在世界范围内，金融知识水平随年龄增长而下降。在标普全球金融知识调查中，本书将受访者的年龄分为三段：15~34 岁、35~54 岁及 55 岁及以上。显然，在 G7 国家中，最年轻和最年长两组受访者的金融知识水平相对较低。平均而言，掌握金融知识的比例在 15~34 岁的受访者中为 56%；而在 35~54 岁的受访者中为 63%；55 岁以上的受访者中为 54%，相对最低。这一结果也与 Lusardi 等（2017）的理论模型一致，在他们的模型中，金融知识被视为财富积累生命周期模型中的一个选择变量。此外，较发达国家中金融知识随年龄变化的倒“U”形趋势也与现有文献一致（Seru et al.，2010；Frijns et al.，2014；Finke et al.，2017）。相比之下，主要新兴经济体则呈现出不同的变化趋势。在金砖五国中，55

岁以上的受访者在所有年龄组中金融知识水平最低，其次是35~54岁的年龄组，15~34岁年龄组的金融知识水平最高；并且15~34岁年龄组与35~54岁年龄组的受访者金融知识水平差距并不大，但这两组与年龄最大的一组差别明显。这可能是由过去十几年里，金砖五国中家庭理财产品的推广和普及所造成的。以我国为例，近年来兴起的互联网理财获得了许多中青年的青睐。

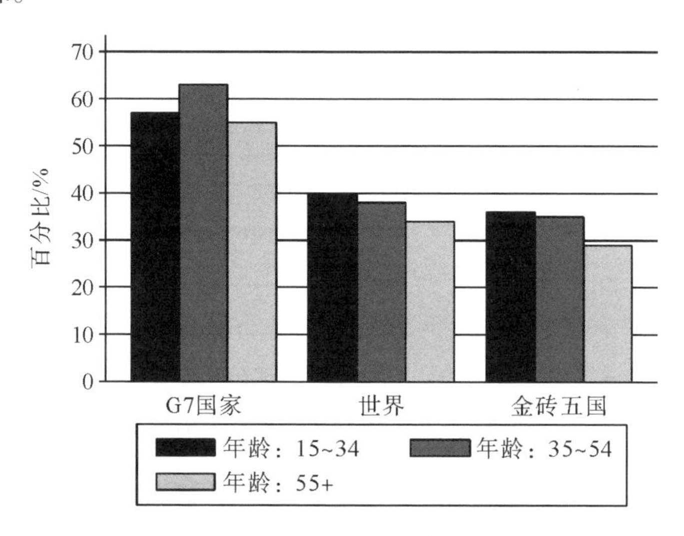

图5-5　金融知识水平的年龄差异

（3）收入差异

如图5-6所示，在世界范围内，收入更高的受访者其金融知识水平也更高。参考现有文献，本书将收入水平按前60%与后40%分为两组（Klapper et al.，2020），并将其分别称为收入较高的人群与收入较低的人群。在G7国家中，收入较高的人群掌握金融知识水平的平均比例超过60%，收入较低人群的相应比例则不到50%。其中，部分国家的差距甚至更大，例如意大利。意大利收入较高的人群掌握金融知识的比例为44%，而收入较低的人群掌握金融知识的比例则为27%。显然，G7国家金融知识掌握水平在收入上的差距比金砖五国以及世界平均水平要大得多。其背后的原因可能是发达国家日益扩大的贫富差距。

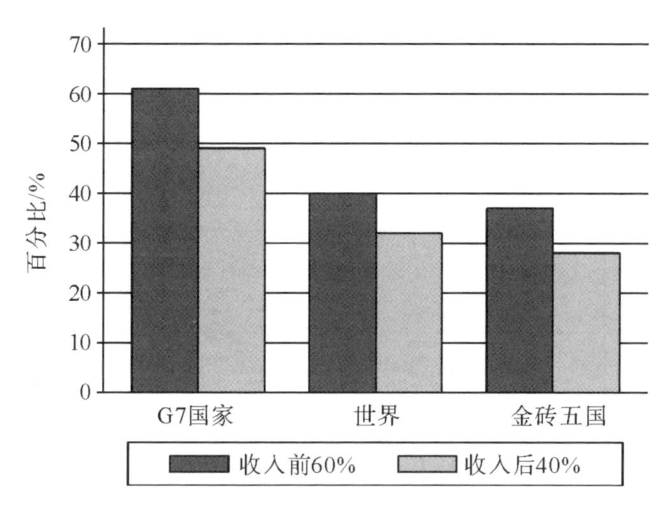

图 5-6 金融知识水平的收入差异

5.5 金融素养国别差异的原因

尽管年龄、性别与收入等个人人口统计学特征可以解释金融知识水平在个人层面的差异，但鲜少有研究从经济发展水平、教育水平、金融发展水平等国家层面特征来解释金融知识水平在世界范围内的差异。Klapper 等（2020）指出公共教育的有效性以及经济环境的差异，如受访者是否经历了高通货膨胀时期，均可能会影响人们对金融概念的理解。此外，国家间的文化因素对群体心态的影响，最终也会对人们的行为决策产生影响（Hofstede，2001；Lu et al.，2021）。基于此，本节试图从国家层面特征的角度来解释金融知识水平在世界范围内的差异。以下用到的国家层面宏观经济数据均来自世界银行的世界发展数据库[①]。

（1）经济发展水平

本书选取各国的人均国内生产总值（GDP）代表收入水平以衡量当地的经济发展情况，并观察到如图 5-7 所示的收入与金融知识间的正相关关系。从图 5-7 中国家的散点分布还可看出，人均国内生产总值与金融知识间的正相关关系对于高收入国家，如瑞典（SWE）、挪威（NOR）、芬兰

① 数据来源：https://datatopics.worldbank.org/World-development-indicators/。

（FIN）、加拿大（CAN）等，甚至更强，即图 5-7 中高收入国家的散点均聚集在拟合线的上方。这也与上文的分析呼应。

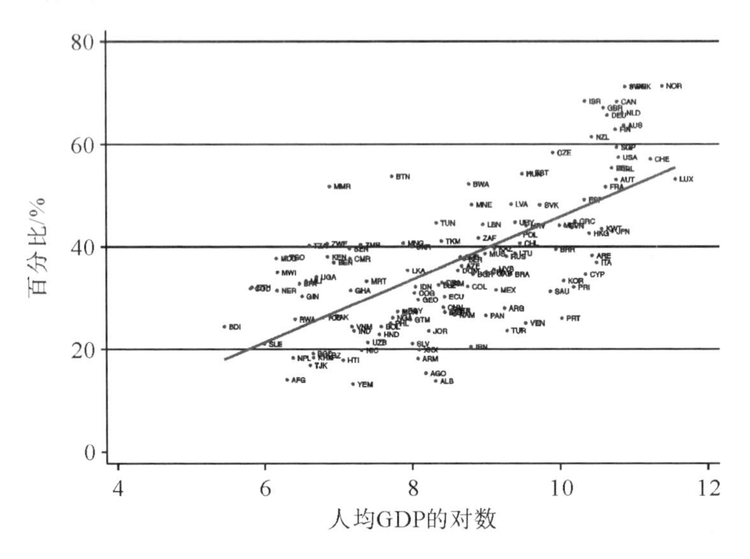

图 5-7　人均 GDP 与金融知识

（2）教育水平

金融知识水平也会随着各国教育水平的不同而变化，并且两者呈现出显著的正相关关系（如图 5-8 所示）。根据标普全球金融知识调查，在全球范围内，接受过中等教育与高等教育的人群中金融知识水平的差距为 15%；在主要发达国家中，接受过 9~15 年教育（相当于中等教育）的人群掌握金融知识的比例为 52%；接受过 8 年教育（相当于初等教育）的人群中，这一比例为 31%；在接受过 15 年教育以上的人群中（相当于高等教育），这一比例为 73%。可见，金融知识水平在教育水平上的差异十分明显。金砖五国中也存在上述差异。在后面的章节中，本书也会从微观层面详细讨论教育对金融知识的影响，在此则更多集中于宏观层面的分析。OECD（2014）在国际学生评估项目（PISA）中也发现国际学生的考试成绩与金融知识水平有显著的正相关关系①。

① 国际学生评估项目（简称 PISA），是 OECD（经济合作与发展组织）在世界范围内进行的 15 岁学生阅读、数学、科学能力评价研究项目。

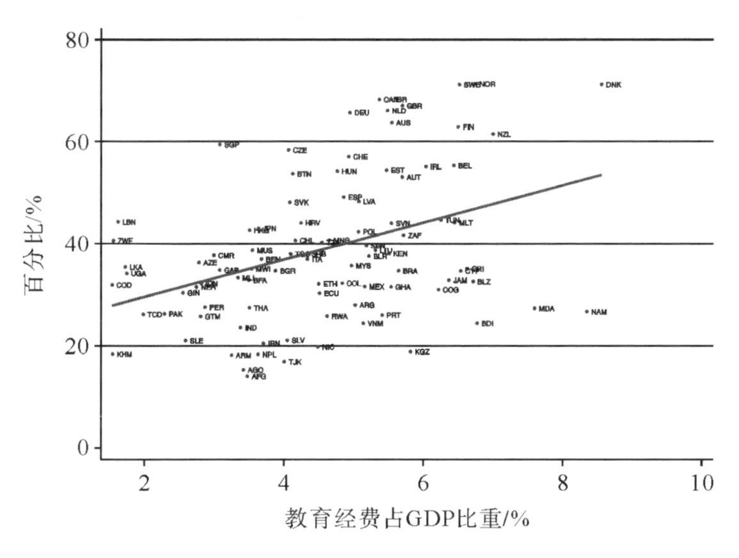

图 5-8　教育水平与金融知识

根据现有文献（Osili et al.，2008；Lu et al.，2021），本书选取各国教育经费占 GDP 的比重来衡量国家教育水平。正如图 5-8 所示，教育水平越高的国家，其居民金融知识水平也相对越高。此外，本书还用各国平均师生比作为教育水平的另一衡量指标来做稳健性检验，结果与图 5-8 一致①。

（3）文化因素

文化因素在解释居民金融行为差异上也起着重要作用。Chen（2013）发现在语法上将未来与现在联系起来的语言会培养使用这种语言的人更关注未来，例如，说这种语言的人会更重视储蓄，退休后会积累更多财富。此外，是否熟悉本国官方语言也会影响金融知识水平。例如，来到美国的非英语国家移民可能由于英语问题对美国的金融体系以及产品不熟悉。美国政府部门 2010 年发布的一份报告显示，英语水平有限的移民比美国本土人拥有银行或其他金融机构账户的概率要小得多（US GAO，2020）。受限于语言水平，他们会使用费用较高、条款更为苛刻的其他金融服务。Zhou 等（2020）的研究首次发现了英语水平有限的移民比美国本土人参与股票市场的概率也小得多。这都极大影响了他们的福利水平。除了语言相关的因素外，Lu 等（2021）发现个人主义对家庭使用线上与线下的金融服务有着显著的正向影响。

① 考虑到篇幅原因，用各国平均师生比做横轴的图在此不再列出。

基于此，本书认为文化差异也会对金融知识产生影响。Guiso et al.（2006）发现，文化是群体成员之间共享的信仰、规范与偏好，并且会世代相传。例如，中国人受“未雨绸缪”的忧患意识影响，更倾向于储蓄，且在消费时比较保守，因此中国的储蓄率在全球范围内一直都处于较高水平。与之相反，墨西哥人受享乐主义的影响，较少人选择储蓄，大部分人认为工作赚钱就是为了休息，所以一到假期，墨西哥人会选择全家旅行。根据墨西哥保护金融用户全国委员会的调查，仅有15%的墨西哥人自愿进行储蓄，84%的墨西哥人没有存款[①]。Brown 等（2018）通过比较瑞士境内德语区与法语区边界中学生的金融知识水平，研究了文化对金融知识的影响。他们的研究显示，法语区的学生金融知识水平普遍低于德语区的学生。这是因为德语区的学生更可能在小时候就收到零花钱，并通过独立使用银行账户来进行零花钱管理，这帮助了他们积累金融知识。

考虑到标普全球金融知识调查中对风险理解与利率计算的问题或多或少都涉及不确定性，那么对于更有可能避免不确定性的国家，其民众也可能更了解风险分散；而对于更注重长期发展的国家，其民众也可能更了解利率。因此，我们采用 Hofstede 2001 年提出的文化维度指标来研究文化因素对金融知识的影响。Hofstede 提出的文化维度指标衡量了不同国家的文化差异，他将不同文化之间的差异归为六个基本的文化价值观维度，分别是权力距离指数（power distance）、不确定性规避指数（uncertainty avoidance）、个人主义与集体主义（individualism & collectivism）、男性化与女性化（masculinity & femininity）、长线思维与短线思维（long-term & short-term）、自我放纵与自我约束（indulgence & restraint）。以上六个维度确立了跨文化心理学的主要研究框架，也被许多其他领域的研究者所借鉴。在本节，我们主要选取与本文研究主题最相关的不确定性规避指数（UAI）与长线思维指数（LTO）来研究，并且这两个指标与标普全球金融知识调查中衡量金融知识的风险分散问题与利率计算问题最为相关。

不确定性规避指数（UAI）体现了一个社会对不确定性的容忍程度，它反映出人们对意外以及未知事件的接受与避免倾向。Hofstede（2001）指出，表现出强烈不确定性规避的国家保持着严格的信仰与行为准则，并且不容忍非正统的行为和思想。相比之下，表现出弱不确定性规避的国家保

① 数据来源：https://www.condusef.gob.mx。

持着更为宽松的态度，并认为实践比原则更重要。因此，本书猜想生活在不确定性规避指数高的国家的人群可能对风险分散的了解程度更低，这源于他们对风险的接触机会较少，因而对风险的理解也弱于生活在不确定性规避指数低的国家的人。基于以上分析，本书猜想不确定性规避指数（UAI）与金融知识呈负相关，而图 5-9 证实了我们的猜想。

图 5-9 显示了不确定性规避指数（UAI）与金融知识之间的关系，与本书的预期一致，两组呈显著的负相关。由于 Hofstede 的不确定性规避指数（UAI）并不是所有国家都有，导致图 5-9 中国家散点明显少于上文。从图 5-9 中可以发现，不确定性规避指数（UAI）较低的国家有瑞典（SWE）、挪威（NOR）、芬兰（FIN）等，而土耳其（TUR）、以色列（ISR）、波兰（POL）等国的这一比例相对较高。

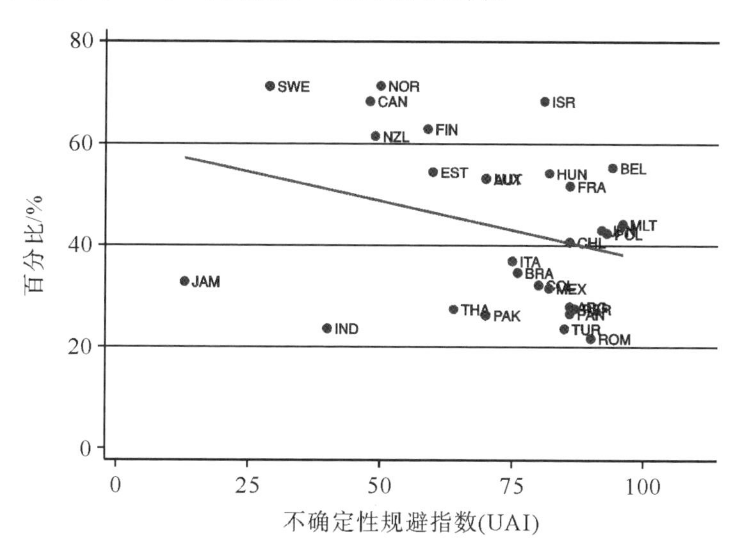

图 5-9　不确定性规避指数与金融知识

本节用到的另一个文化维度指标是长线思维指数（LTO）。这一指数衡量了人们所能接受的延迟满足程度，具体体现在物质、情感、社会需求等方面。Hofstede（2001）指出，长线思维指数高的国家更可能采取务实的办法，即他们鼓励节俭和努力以替未来做准备。长线思维指数已经被证实与各国经济增长相关性极强。学者们认为长线思维也是 20 世纪后期东亚经济突飞猛进的主要原因之一。以我国为例，居民受长线思维的影响更倾向于为未来做准备，从而会采取一系列相应行为，如提高储蓄率、提前做规划等。因此，居住在长线思维指数高的国家，居民可能对利率概念有更好的掌握。这可能是因为长线思维会让他们思考钱在未来的变化，而掌握利率概念与计算就显得尤为重要。本书猜想长线思维指数（LTO）与金融知识呈正相关，而图 5-10 证实了本书的猜想。

图 5-10 显示了长线思维指数（LTO）与金融知识之间的关系，与我们的预期一致，两组呈显著的正相关。Hofstede 的长线思维指数（LTO）并不是对所有国家都有，导致图 5-10 中国家散点相对较少。从图 5-10 中可以发现，日本（JPN）、乌克兰（UKR）等国的长线思维指数（LTO）较高，而加纳（GHA）、墨西哥（MEX）等国的长线思维指数（LTO）相对较低。

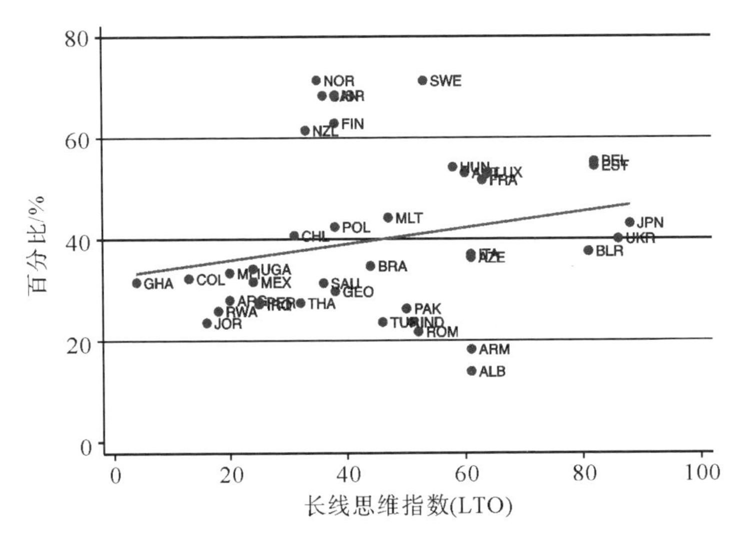

图 5-10　长线思维指数与金融知识

（4）法律体系

现有文献还指出法律体系在金融市场的运作与发展中起到了重要作用（Porta et al.，1997，1998），与法律有关的制度因素也会对家庭的金融决策产生影响（Osili et al.，2008；Christelis et al.，2013）。在世界范围内，英美法系的国家大多以资本市场为主体，而大陆法系的国家多数以银行为主体。以资本市场为主体的国家其金融市场更多以直接融资为主，而以银行为主体的国家其金融市场更多以间接融资为主。因此，考虑到资本市场的复杂性与产品的多样化，本书猜想居住在英美法系国家的人其金融知识水平可能会较高。图 5-11 证实了本书的猜想。其中，英美法系国家掌握金融知识的人口比例明显高于大陆法系国家以及世界平均水平，而大陆法系国家掌握金融知识的人口比例略低于世界平均水平。

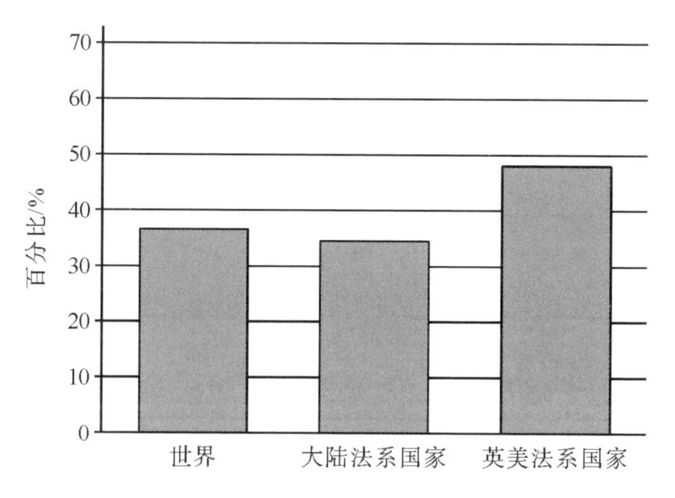

图 5-11　法律体系与金融知识

（5）金融发展

此外，现有研究已证实，金融发展会影响家庭福利（Guiso et al., 2004；Tran et al., 2018）。考虑到人们对金融市场的认知与态度可能会受到当地总体金融发展水平的影响，我们猜想金融发展水平较高的国家，其居民金融知识水平也相对较高。这背后的原因可能是：相比于金融发展水平较低的国家，金融发展水平较高的国家拥有更加完善的金融市场与规模更庞大、结构更多样的投资者群体。因此，这些国家的居民对金融市场以及基本金融概念有更深的理解。借鉴现有研究中广泛使用的金融发展指标（Allen et al., 2008, 2016；Beck et al., 2016；Brown et al., 2016；Lu et al., 2021），本书使用私营部门国内信贷占 GDP 的比重来衡量各国的总体金融发展水平①。

如图 5-12 所示，金融发展水平与金融知识呈显著的正相关，并且在标普全球金融知识调查所覆盖的国家中，部分国家集聚在较低的金融发展水平，且其居民掌握金融知识的比例也相对较低，如也门（YEM）、海地（HTI）、阿富汗（AFG）等国。

① 该指标衡量了国内银行与其他金融机构提供给私营部门的金融资源占各国 GDP 的比重，数据来源为世界银行与全球金融发展数据库（global financial development database）。

（6）金融服务对金融知识的具体影响

图 5-12 揭示了金融发展与金融知识间的正向关系。在此基础上，我们试图进一步探究金融服务与金融知识的具体关系。在此部分，我们还对不同的金融知识问题进行了分项讨论。

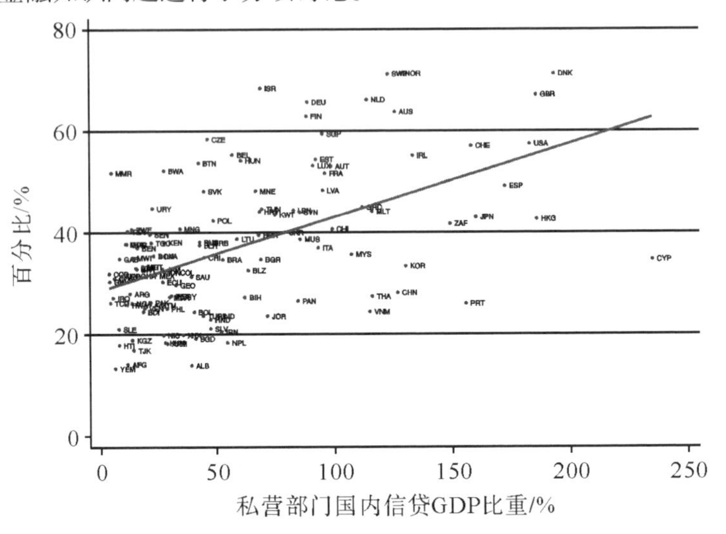

图 5-12　金融发展与金融知识

金融知识对于需要用到支付、储蓄、信用卡、产品风险管理的用户具有重要作用。对于大多数人而言，在银行或其他金融机构开设账户是参与金融市场的第一步（Demirguc-Kunt et al.，2015）。开设账户后，用户可以用账户来进行储蓄以及享受一系列金融服务，这有助于家庭抵御经济冲击（Klapper et al.，2016）。然而，缺乏有效利用这些金融服务的知识与能力也可能对用户带来不利影响，如过度负债或破产。因此，本小节会着重讨论金融服务与金融知识的关系。本小节用到的数据来自世界银行全球金融包容数据库（global financial inclusion indices database，Global Findex Database）。该数据是由比尔及梅琳达·盖茨基金会（Bill & Melinda Gates Foundation）出资，由世界银行开展的全球个人层面金融包容调查，是全球非常主流的跨国数据库且被大量研究使用，如 Allen 等（2012）与 Levine 等（2020）。该调查覆盖了超过 150 个国家的受访者[①]。

① 数据来源：https://microdata.worldbank.org/index.php/collections/global-findex/。

①账户持有与金融知识

如图 5-13 所示，账户持有者的金融知识水平更高，即两者间呈现出正相关。在图 5-13 中，部分发达国家的账户持有比例[①]接近 100%，如瑞典（SWE）、芬兰（FIN）等。根据标普全球金融知识调查，这些国家居民的金融知识水平也处于全球较高水平。

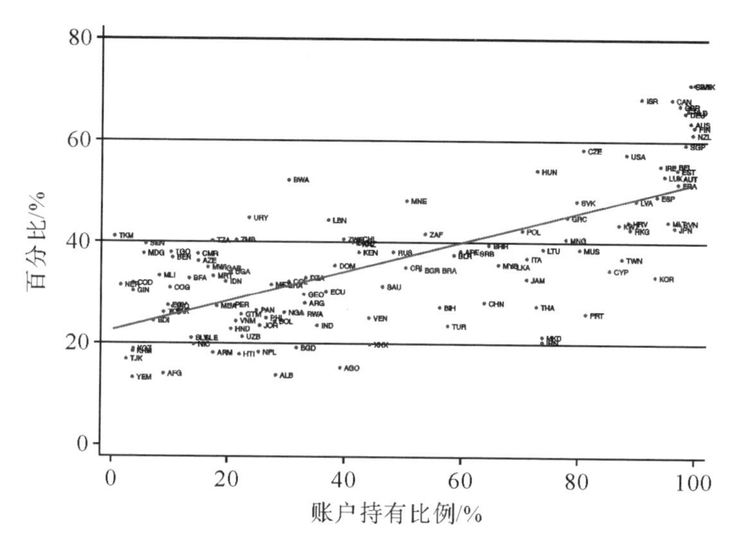

图 5-13　账户持有情况与金融知识

进一步地，考虑到 Global Findex 调查中的账户持有不仅包含金融机构账户还包含了移动支付账户，本书也单独考察了金融机构账户与居民金融知识水平间的关系。如图 5-14 所示，两者仍呈显著正相关。

① 账户持有比例指的是一个国家中持有银行或其他金融机构账户的人口数占国家总人口的比例。

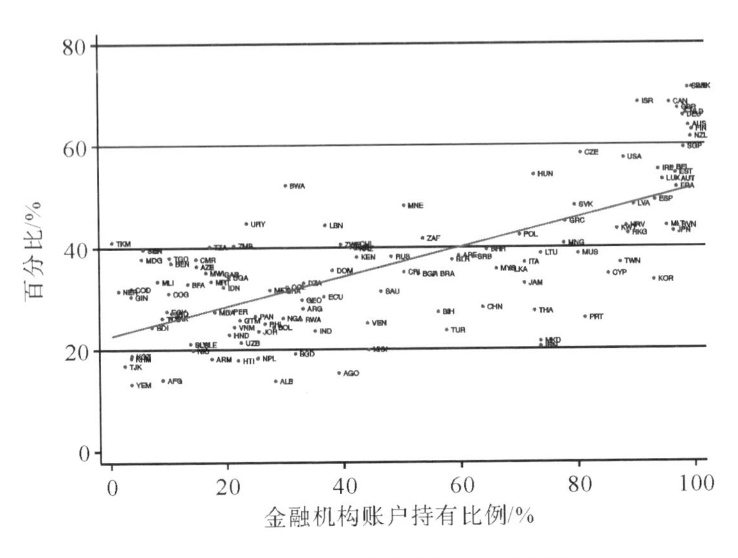

图 5-14　金融账户持有情况与金融知识

尽管账户持有者的金融知识水平相对较高，但他们的金融知识水平仍存在差距。例如，在主要发达国家，持有账户的男性比持有账户的女性掌握金融知识的可能性高 8%。在收入前 60%和后 40%的家庭中，账户持有者之间也存在类似的差距。

此外，缺乏金融知识的账户持有者可能无法从其本该获得的金融服务中充分获益。以储蓄为例，根据 Global Findex 调查数据，在全球范围内，有 57%的成年人参与到储蓄中，但只有 27%的人通过银行或其他正规金融机构储蓄。另一部分人则使用安全性欠佳或利率较低的方式存钱，如把钱存在非正式的机构中或者直接存在家里。全世界仅 42%的账户持有者使用他们的账户存款，而在这些成年人储户中，仅有 45%的人具备金融知识。例如，在中国，有超过一半的账户持有者使用该账户来储蓄，但其中仅 52%的人能正确回答利息计算的问题。在美国，这一比例为 58%。而在没有账户的成年人中，金融知识水平则更低。可见，金融服务对金融知识水平有明显的溢出效应。此外，性别、收入和教育不平等也普遍存在于没有银行账户的人群中，并且女性、低收入人群和受教育程度较低的人群在享有金融服务以及掌握金融知识上都明显落后于其他人。

图 5-15 揭示了账户持有者的金融知识具体掌握情况。世界范围内，账户持有比例接近 50%；而在这些人中，不到 20%的人掌握金融知识。金砖国家的账户持有比例略高于世界平均水平，但其中掌握金融知识的人群

比例接近世界平均水平。对于 G7 国家，其账户持有比例超过 90%，甚至接近世界平均水平的两倍，但其中也仅有不到 60%的人掌握金融知识。

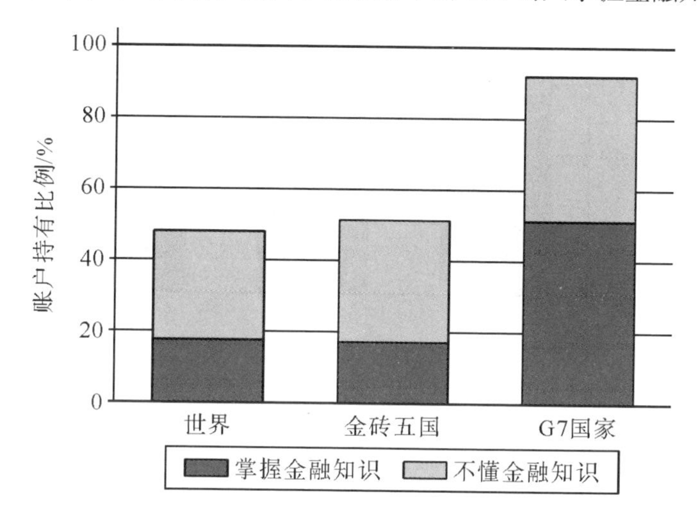

图 5-15 账户持有者的金融知识掌握情况

进一步地，本书讨论了金融知识的四大问题中利率计算与复利计算的掌握情况。

如图 5-16 所示，在世界范围内持有账户的人群中有接近一半的人掌握利率计算；在金砖五国中，这一比例也在 50%左右。对于 G7 国家，账户持有者的利率计算掌握人群比例为 60%，显著高于金砖五国与世界平均水平。这说明，相比于金融知识的综合掌握程度，账户持有者对利率计算的掌握情况稍好一些。其背后的原因可能是：利率计算是与持有账户最紧密相关的问题，因此相比于风险分散等其他问题，利率计算的掌握情况也会更好。

相比之下，图 5-17 显示的账户持有者的复利计算掌握情况则稍逊于利率计算。这可能源于复利计算相对利率计算要复杂许多，故掌握复利计算难度也更大。

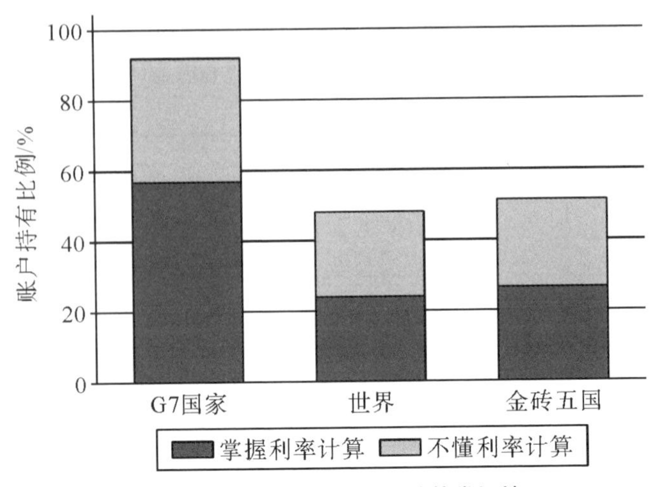

图 5-16　账户持有者的利率计算掌握情况

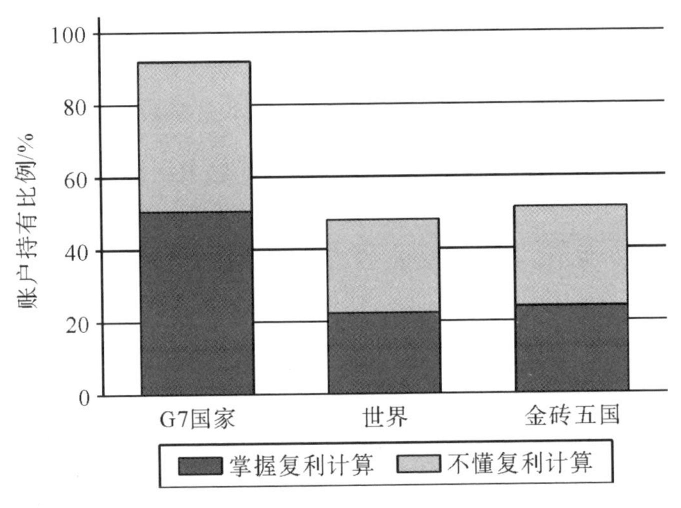

图 5-17　账户持有者的复利计算掌握情况

②信用卡持有与金融知识

信用卡在发达国家中使用得更为普遍；在许多发展中国家，只有富有以及受过良好教育的人有更多机会获得正规渠道的借款，这些人往往也更懂得财富管理。而其他借款者不得不依赖家人、朋友以及其他非正规渠道获得贷款。此外，在信用信息环境较弱、金融部门较不发达的国家，信用卡的获取和使用也会受到限制。在 G7 国家中，51%的成年人使用信用卡；相比之下，在金砖五国中，仅 11%的成年人使用信用卡。因此，考虑到信用卡作为一种重要的个人信贷服务产品且对相关金融概念的要求较高，探究信用卡持有与金融知识之间的关系也是有意义的。

如图 5-18 所示，信用卡持有与金融知识间呈现出显著的正相关，并且信用卡持有比例高的国家大多是发达国家。大部分发展中国家的信用卡使用情况仍处于较低水平。2011 年以来中国信用卡拥有量几乎翻番，但不到一半的受访者无法正确回答有关利息的问题。在巴西，32%的成年人使用信用卡，而其中仅一半的人能正确回答复利问题。可见，在信用卡使用者中普及金融知识需要得到全球金融机构的重视。

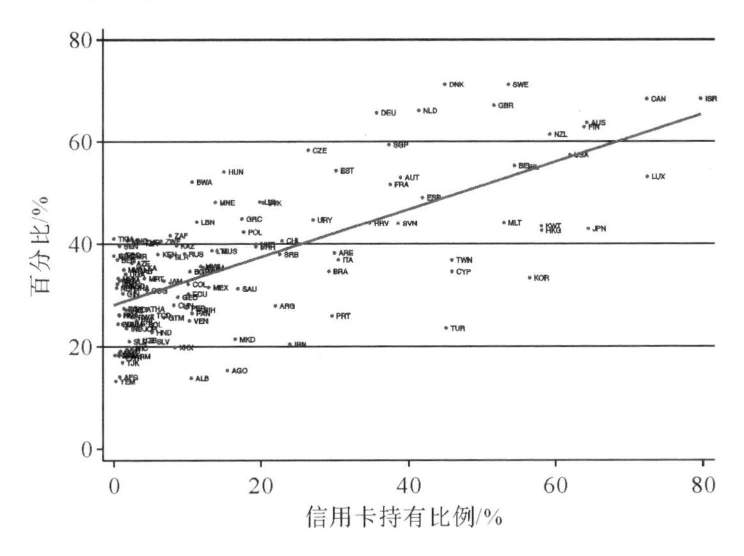

图 5-18　信用卡持有情况与金融知识

综上，上述分析表明金融服务的使用与金融知识间存在显著的正相关关系，且使用金融产品的成年人对金融概念的熟悉程度相对较高。由于家庭是金融产品的重要消费者，也是资金的储户和金融市场的投资者，金融产品的使用不当引起的家庭行为变化会对金融市场和经济产生重大影响。虽然家庭可以通过信贷使用参与到金融市场，并可能由此提高个人的金融能力，但对风险和利率、复利认识的不足也可能导致严重的后果，如市场不稳定。因此在本书后面的章节中，也会进一步讨论金融服务使用、金融市场参与对金融知识的影响。

（7）国家层面特征与金融知识回归分析

最后，本书在上述分析的基础上进行国家层面特征与金融知识回归，结果如表 5-2、表 5-3 所示。在回归分析中，文化指标采取的是上文中提到的不确定性规避指数（UAI），法律体系指标则是英美法系的虚拟变量。

其他变量都与上文分析中一致。在表5-2显示的回归结果中，除了文化指标不显著外，其他的国家层面特征（经济发展水平、教育水平、金融发展、法律体系、金融服务）与金融知识水平均在1%的水平上正显著，且与上文分析一致。

考虑到经济发展水平对金融知识的影响较大，在表5-3的回归中，本书控制了人均GDP后，再分别对表5-2中的国家层面特征变量回归。回归结果表明，在控制了国家经济发展水平后，教育水平、金融发展与金融知识间的关系变得不再显著，其可能的原因是教育水平、金融发展与经济发展水平相关性较高。相比之下，在控制了国家经济发展水平后法律体系、金融服务与金融知识间的显著正向关系仍存在，可见后者的相关关系也相对较强。此外，不同于表5-2，在控制了经济发展水平后，文化指标中的不确定性规避指数（UAI）与金融知识间呈现出显著的负相关，这也与上文中的分析一致（如图5-9所示）。

表5-2　国家层面特征与金融知识

变量	金融知识指标						
	（1）	（2）	（3）	（4）	（5）	（6）	（7）
人均GDP的对数	0.061*** （0.006）						
教育投入指标		0.036*** （0.009）					
金融发展指标			0.001*** （0.000）				
文化指标				-0.002 （0.002）			
法律体系					0.137*** （0.029）		
账户持有比例						0.298*** （0.027）	
信用卡持有比例							0.472*** （0.044）
样本量	136	94	123	43	133	127	127
R-square	0.445	0.152	0.277	0.069	0.151	0.513	0.504

注：***，** 和 * 分别表示在1%，5%和10%水平下显著，括号内为稳健标准误，回归方程采用最小二乘估计。上表中数据来自标普全球金融知识调查、Hofstede（2001）、世界银行、全球金融发展数据库、Global Findex 调查数据。以下相同。

表 5-3　国家层面特征与金融知识（控制人均 GDP）

变量	金融知识指标						
	(1)	(2)	(3)	(4)	(5)	(6)	(7)
人均 GDP 的对数	0.061*** (0.006)	0.063*** (0.006)	0.057*** (0.008)	0.109*** (0.014)	0.056*** (0.006)	0.026*** (0.009)	0.029*** (0.009)
教育投入指标		0.006 (0.007)					
金融发展指标			0.000 (0.000)				
文化指标				-0.002*** (0.001)			
法律体系					0.067*** (0.024)		
账户持有比例						0.196*** (0.045)	
信用卡持有比例							0.293*** (0.073)
样本量	136	94	123	43	133	127	127
R-square	0.445	0.536	0.463	0.714	0.486	0.535	0.536

注：***，** 和 * 分别表示在 1%，5%和 10%水平下显著。

5.6　国内经验

基于标普全球金融知识调查数据，上文使用国际比较研究的方法对金融知识在全球范围内的掌握情况进行了比较分析。考虑到金融知识水平在国内也可能存在区域差异，本节运用中国家庭金融调查数据分析了金融知识水平的国内现状与区域差异，旨在从区域层面进一步验证上文中探讨的金融知识水平差异原因，并为后文研究如何提高金融知识水平做铺垫。

（1）金融知识水平的年度比较

考虑到在国内所有的金融知识微观调查数据中，仅西南财经大学中国家庭金融调查与研究中心在全国范围内开展的中国家庭金融调查（China household finance survey，CHFS）是标准化的纵向可比数据，且其调查范围覆盖城市和农村，也是国内覆盖范围最广的金融知识客观评价调查数据；

由于中国家庭金融调查中的金融知识问题仅在2013年与2015年可比，因此本节选用这两年的数据进行纵向比较，以分析中国居民金融知识水平随时间的变化。

为了了解我国居民金融知识水平随年份的变化，本节首先比较了中国家庭金融调查中三大金融知识问题2013年与2015年的具体回答情况，结果如表5-4所示。总体上，居民的金融知识水平稍有提升。具体表现在金融知识三大问题回答正确率的提升，尤其是投资风险问题的正确率提升明显。此外，为了了解金融知识问题的整体回答情况，本书还对金融知识问题的回答正确题数（即前文提到的“金融知识-评分加总”指标）进行了比较。如图5-19所示，相比于2013年，2015年受访者答对的题目数均有所提升，尤其是答对三道题的比例上升明显。基于此，2015年无论是整体回答情况还是单个问题的正确率均有所改善。

表5-4　金融知识三大问题回答情况年度比较　　单位:%

问题	2013年			2015年		
	正确	错误	不知道/算不出来	正确	错误	不知道/算不出来
利率计算问题	22.60	27.12	50.28	28.39	22.84	48.77
通货膨胀理解	15.76	42.17	42.07	16.10	37.70	46.20
投资风险问题	29.98	9.85	60.17	51.67	4.59	43.74

（2）金融知识水平的区域比较

为了进一步探究金融知识水平在我国是否存在区域差异，本节使用2015年中国家庭金融调查数据来进行区域比较分析[①]。结果显示，在我国范围内，居民的金融知识水平也存在明显的区域差距。具体地，东部、中部、西部地区存在一定的差距，且东部居民的金融知识水平明显高于中西部。在问卷覆盖的所有地区中，北京、上海和广东的居民金融知识水平相对较高，紧随其后的是浙江、江苏、福建、山东这些东部沿海省份，而中西部地区省份的居民金融知识水平则明显较低。

① 选用2015年中国家庭金融调查数据进行区域比较的原因在于：2015年的调查不仅是纵向可比调查中最新的一期，而且也与上文中用到的标普全球金融知识调查年份最为接近。因此，2015年的中国家庭金融调查用在此处最为合适。

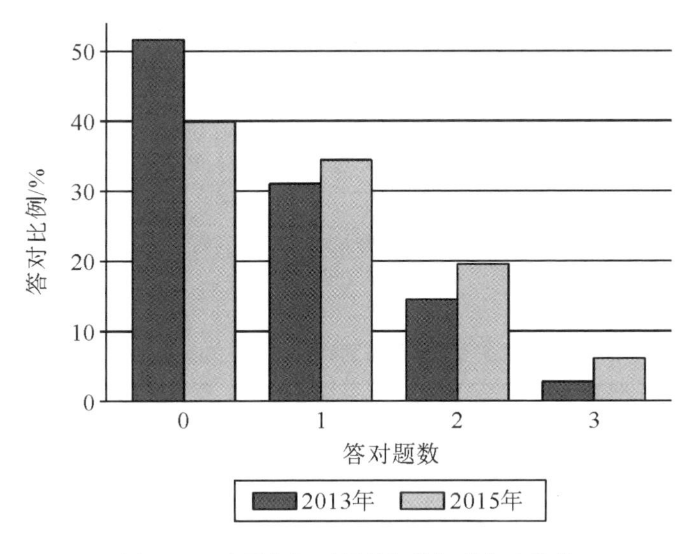

图 5-19　金融知识（评分加总）的年度比较

（3）金融知识水平的区域差异原因分析

上文研究发现了我国居民的金融知识水平存在明显的区域差异，基于此，本小节试图解释产生上述差异的原因。与本章第 5 节一致，本小节从经济发展水平、教育水平、金融发展、法律环境、金融服务等层面展开回归分析。

在回归分析中，地区经济发展水平采用省级人均国内生产总值（GDP）[①] 的对数来表示；地区教育水平采用的是各省教育经费占其地区生产总值的比重，以此度量各省的教育投入情况；金融发展水平采用各省份银行贷款规模占其地区生产总值的比重来衡量，该指标也被认为能更好地反映金融体系的运行效率（张军 等，2005；郑志刚 等，2010）；法律环境指标采用近年来被广泛使用的法律环境指数（樊纲 等，2011），以此衡量各地法律对投资者权利的保护程度；金融服务指标则采用与上文一致的各地区账户持有比例来表示。上述地区层面的数据来自国家统计局、国泰安数据库（CSMAR）、《中国分省份市场化指数报告（2018）》与中国家庭金融调查（2015），回归结果如表 5-5、表 5-6 所示。

在表 5-5 显示的回归结果中，所有的地区层面特征（经济发展水平、

① 国内生产总值（GDP）通常是指一个国家和地区所有常住单位在一定时期内生产活动的全部最终成果，但为了表述方便，此处以及后文中也使用 GDP 来表示地区生产总值。

教育水平、金融发展、法律环境、金融服务）与金融知识水平均在1%的水平上正显著。考虑到经济发展水平对金融知识的影响较大，在表5-6的回归中，我们控制了地区人均GDP后，再分别对表5-5中的地区层面特征变量回归。回归结果表明，在控制了地区经济发展水平后，法律环境指数变得不再显著，相比之下，教育水平、金融发展、金融服务与金融知识间的显著正向关系在控制了地区经济发展水平后仍存在，可见后者的相关关系也相对较强。

表5-5　地区层面特征与金融知识

变量	金融知识指标				
	（1）	（2）	（3）	（4）	（5）
人均GDP的对数	0.339*** （0.078）				
教育投入指标		0.144*** （0.013）			
金融发展指标			0.019*** （0.002）		
法律环境指标				0.032*** （0.009）	
账户持有比例					0.845*** （0.087）
样本量	29	29	29	29	29
R-square	0.481	0.361	0.442	0.454	0.187

注：***，**和*分别表示在1%，5%和10%水平下显著，括号内为稳健标准误，回归方程采用最小二乘估计。上表中数据来自中国家庭金融调查（2015）、国家统计局、国泰安数据库、《中国分省份市场化指数报告（2018）》。以下相同。

表5-6　地区层面特征与金融知识（控制人均GDP）

变量	金融知识指标				
	（1）	（2）	（3）	（4）	（5）
人均GDP的对数	0.339*** （0.078）	0.392*** （0.091）	0.246*** （0.072）	0.209*** （0.056）	0.302*** （0.078）
教育投入指标		0.119*** （0.029）			
金融发展指标			0.013*** （0.003）		

表5-5(续)

变量	金融知识指标				
	(1)	(2)	(3)	(4)	(5)
法律环境指标				0.016 (0.017)	
账户持有比例					0.474*** (0.130)
样本量	29	29	29	29	29
R-square	0.481	0.496	0.654	0.531	0.534

注：***，** 和 * 分别表示在 1%，5%和 10%水平下显著。

基于此，考虑到我国仍是一个发展中国家，现阶段教育水平与发达国家仍存在一定差距，且我国金融市场体量大，在未来还会进一步发展壮大，服务能力也会加强，后文试图从教育水平与金融市场、金融服务的角度探讨如何提高我国居民的金融知识水平。

5.7 本章小结

基于标普全球金融知识调查数据，本章使用国际比较研究的方法对金融知识在全球范围内的掌握情况进行了分析。首先，通过标普全球金融知识调查数据包含的四个基本金融知识问题（风险分散认知、通货膨胀理解、利率计算、复利计算）构造了金融知识的全球统一度量指标，即能至少正确回答其中的三个问题被认为掌握了金融知识。其次，以 G7 国家与金砖五国为例探讨了金融知识水平的国别差异与人口统计学差异。在此基础上，本章还进一步探究了金融知识水平的国家层面差异原因，即从经济发展水平、教育水平、文化因素、法律体系、金融发展这五个方面进行了深入分析。随后，还探讨了金融服务对金融知识的具体影响，并结合国家层面的回归分析再次对上述国家层面特征进行了验证。最后，基于国内数据，探讨了我国居民金融知识水平的现状与地区差异。

研究发现，在世界范围内，仅三分之一的成年受访者掌握了金融知识，且收入较高、受教育水平较高以及使用过金融服务的人，其金融知识水平也相对较高。我国的金融知识水平虽高于亚洲平均水平，但仍低于全球平均水平。无论在发达国家还是发展中国家，女性、老年人的金融知识水平均相对较低。在国家层面的特征中，经济发展水平、教育水平、文化因素、法律体系、金融发展水平均与金融知识水平有显著的正相关关系。此外，金融服务与金融知识水平也呈现出显著正相关。具体地，在账户与信用卡的持有者中，金融知识的掌握情况均不到50%。这说明，尽管金融服务对金融知识有溢出作用，但缺乏金融知识的账户持有者可能无法从其本该获得的金融服务中充分获益。

在我国范围内，居民的金融知识水平也存在明显的区域差距，且东部地区明显高于中西部地区。这种差异很可能源于经济发展水平、教育水平、金融发展、法律环境、金融服务等方面的差异。因此，结合我国国情，后文从教育水平与金融市场、金融服务的角度进一步探究了如何提高我国居民的金融知识水平。

随着金融市场上产品的复杂化，金融知识的缺乏加剧了消费者的金融风险。例如，越来越多的信贷产品中伴随着高利率和复杂的条款，一旦使用不慎，会对消费者带来较大福利损失。同时，考虑到金融包容能够提高家庭福祉，各国政府也正在通过推广银行账户的使用和放宽其他金融服务的准入限制来增加金融包容性。然而，如果使用者缺乏有效运用金融知识的能力，这些原本旨在帮助消费者提高福利的机会反而会导致意想不到的负面后果，比如过度负债等。这对女性、低收入人群和受教育水平较低的人群影响也会更大，因为相比于其他人群，他们更缺乏金融知识，也经常成为政府扩大金融包容性计划的主要目标群体。

考虑到这些潜在风险，各国政策制定者应该关注到居民金融知识水平与金融市场消费者保护的问题。一个重要的举措就是将提高居民金融知识上升到国家战略层面。例如，建立普及金融知识的执行机构，在全国范围内加强金融市场参与者的金融教育，提高居民的金融知识水平，帮助家庭有效做出金融决策。此外，在教育预算充足的国家，推广金融教育，也能定向提高年轻人的金融知识水平。随着金融包容性在世界范围内不断扩大以及数字金融产品的迅猛发展，各国政府也应以保护消费者权益为出发点，提高居民的金融知识水平，帮助家庭增进金融福祉。

6 如何提高金融素养：普通教育

6.1 引言

金融的不断发展与金融产品的日益复杂对居民的金融知识水平提出了更高的要求，因此如何提高居民的金融知识水平也愈发重要。尽管金融知识对家庭的金融决策有广泛影响（尹志超 等，2014，2015；秦芳 等，2016；宋全云 等，2017），但是中国家庭的金融知识水平普遍较低，远低于国际水平（如表 6-1 所示），且存在较大的差异（尹志超 等，2014）。因此，研究金融知识的决定因素以及如何提高金融知识水平既是重要议题，又是当下政策重点。然而，受限于金融知识相关数据的可得性，国内对金融知识的研究相对较少，且国内现有文献主要关注于金融知识的影响（尹志超 等，2014，2015；秦芳 等，2016；王正位 等，2016；宋全云 等，2017；张号栋 等，2016；尹志超 等，2019），而鲜少研究探讨金融知识的决定因素。

表 6-1 各国金融知识全部问题答对比率比较 单位:%

国家	德国	荷兰	美国	中国
国际通用金融知识问题全部答对比例	53.20	44.80	30.20	6.13

注：数据来源 Lusardi 等（2014）；Bucher-Koenen 等（2011）；Van Rooij 等（2011）。

考虑到金融知识缺乏对家庭行为决策的负面影响，发达国家对此的应对措施是开展金融教育课程（financial education program），因此国外大多数关于金融知识决定因素的研究也是对金融教育课程有效性的考察。随着金融教育课程在发达国家中的陆续开展，国外有部分学者开始研究金融教育课程对参与者金融知识与后续金融行为的影响（Herd et al.，2012；Cole et al., 2014; Brown et al., 2016; Kaiser et al., 2017)。然而，目前对金融教育课程的研究并未达成一致结论，部分研究发现此类课程会提高金融知识水平（Herd et al., 2012; Brown et al., 2016），但 Cole 等（2016）也发现了此类课程对金融知识水平没有显著影响。更重要的是，考虑到金融教育课程在发展中国家的实施难度，且我国现阶段教育质量与覆盖率与发达国家有一定差距，教育预算仍有限，因此金融教育课程短期内在我国无法广泛开展，故并不适合我国国情。目前，国内鲜少有研究讨论金融知识水平的决定因素与如何提高金融知识水平；也就是说，这一问题既重要又还没有被研究。

此外，作为人力资本的重要组成部分，教育水平也可能影响金融知识积累。首先，教育水平的提高会增强认知能力（Banks et al., 2012; Huang et al., 2013）。作为集中反映人们学习和解决问题的重要能力，认知能力也被发现对收集、加工和处理金融信息有着重要的影响，进而影响金融知识积累（Grohmann et al., 2015; Cole et al., 2016）。而数学课程作为我国基础教育体系中的核心课程，受教育程度更高的人其数学能力也会更强。其次，教育水平的提高也会通过构造以同学为基础的人际网络促进个体的社会资本积累，增强社会互动（Huang et al., 2009; Liang et al., 2019）。现有研究表明，社会互动更多的人更有可能通过口头交流与观察学习的社会学习方式来获取更多的金融知识（Lachance, 2014; Haliassos et al., 2020）。最后，考虑到我国现行教育体系中的核心必修课程（例如：数学课程）对认知能力的提高有着重要作用，且具有广泛覆盖面，而在过去几十年间我国的教育水平也取得了较大进步，因此，相比于专项金融教育，本章旨在研究普通教育水平的提高是否也会提升居民的金融知识水平。

本章使用中国家庭金融调查（CHFS）2015 年的数据，并围绕 1986 年 7 月 1 日起实施的《中华人民共和国义务教育法》（以下简称《义务教育法》）构造工具变量，实证研究了居民受教育水平与金融知识水平之间的关系。研究发现，教育水平的提高可以通过认知能力与社会资本积累两个渠道显著影响居民的金融知识水平，并且这种影响在没有上过财经类课程、平时较少关注经济类信息的人群，男性以及城市居民中更显著，后续的稳健性检验也再次证实了两者间的正向因果关系。

因此，本章研究既是对现有金融知识决定因素文献的一个重要补充，也为如何提高金融知识水平的研究开辟了一个具有启发意义的新视角，即除了专项金融教育课程，基础教育体系对提高金融知识水平也有重要作用。

本章剩余部分安排如下：第二部分介绍数据来源与金融知识、教育水平等指标设计；第三部分描述模型设定；第四部分为实证分析，包含了实证结果的讨论、稳健性检验、异质性分析以及教育影响金融知识的认知能力与社会资本积累渠道的深入分析；第五部分是结论与政策建议。

6.2 数据来源与指标设计

本章使用的数据来自西南财经大学中国家庭金融调查与研究中心在全国范围内开展的中国家庭金融调查（CHFS）①。该项调查始于 2011 年，至今已进行了 5 次，分别在 2011 年、2013 年、2015 年、2017 年和 2019 年。考虑到金融知识的相关问题仅在 2013 年及以后的调查中出现，且在本书完稿前最新的公开数据止于 2017 年，但考虑到 2017 年问卷仅对新受访者的金融知识水平进行了测度，样本量相对较少；故与前文一致，本章选取覆盖面最广的 2015 年调查数据进行实证研究。2015 年的调查样本覆盖了来自全国 29 个省 351 个县 1 396 个村（居）委会的 37 000 多户家庭②。

（1）金融知识指标

金融知识指的是人们对基本金融概念的理解以及进行简单金融计算的能力（Lusardi et al.，2011）。基于此，中国家庭金融调查从利率、通货膨胀及投资风险的三个方面考察了受访者的金融知识水平。上述三个问题的回答情况如表 6-2 所示（具体问题详见附录 A）。从表 6-2 的 Panel A 可以看出，三个金融知识问题的回答正确率均较低，尤其是通货膨胀理解问题。此外，受访者对每个问题回答不知道的比例较高，接近 50%。这表明我国家庭对基本金融知识和金融市场的了解情况并不乐观。相应地，上述金融知识问题的回答选项分布如表 6-2 的 Panel B 所示。显然，仅 6.13% 的受访家庭能够全部答对这三道题，且家庭平均答对问题个数较低，仅为 0.91，说明大部分家庭难以答对一道题。可见我国大部分家庭严重缺乏金

① 该调查收集了家庭的资产与负债、收入与支出、保险与保障、家庭人口特征及就业等信息，且被国内外研究广泛使用。

② 数据来源：https://chfs.swufe.edu.cn/index.htm。

融知识，居民的金融知识水平也远低于欧美发达国家。

表 6-2　金融知识问题回答情况的描述性统计　　单位:%

Panel A：各问题回答情况					
	利率计算问题	通货膨胀理解	投资风险问题		
正确	28.39	16.10	51.67		
错误	22.84	37.70	4.59		
不知道/算不出来	48.77	46.20	43.74		
Panel B：回答选项的分布					
	各问题回答正确、错误以及不知道/算不出来的具体比例				
	0	1	2	3	均值/个
正确	39.85	34.45	19.57	6.13	0.91
错误	51.12	29.77	18.20	0.91	0.68
不知道/算不出来	33.46	20.53	18.32	27.69	1.40

参考以往文献（Van Rooij et al., 2011；Lusardi et al., 2011；尹志超 等，2014，2015；秦芳 等，2016），本书主要采用因子分析的方法构建金融知识指标。

具体来说，本书认为回答错误的受访者可能部分了解某些金融概念，而回答“不知道”的受访者可能完全不知道这些概念，故前者与后者的金融知识水平极有可能不同。因此，为了进一步区分每个问题的上述两种回答情况，本章对其分别构建两个虚拟变量。其中，是否回答正确由第一个虚拟变量体现，回答正确为 1，否则为 0；是否直接回答由第二个虚拟变量体现，回答“不知道”为 0，否则为 1。以这六个虚拟变量为依据，本书采用迭代主因子法进行因子分析（详细结果见附录 D）。根据因子分析结果，本书保留特征值大于 1 的两个因子，以此构造相应的金融知识指标，即“金融知识（因子分析）”（记为 FL_factor）。本书将其作为被解释变量用于后文的基准回归中，其描述性统计见表 6-3。

此外，考虑到现有文献中也采用受访者回答正确的问题个数来衡量金融知识（Agnew et al., 2005；Guiso et al., 2008；尹志超 等，2014），故本书采用此指标（记为 FL_score）作为金融知识的另一衡量指标用于稳健性检验中。

（2）解释变量

本章选取受教育年限作为解释变量来衡量受访者的受教育水平。问卷中受教育水平的选项为：没上过学、小学、初中、高中、中专/职高、大专/高职、大学本科、硕士研究生和博士研究生，本章将其折算为受教育年限，依次为0年、6年、9年、12年、13年、15年、16年、19年、22年。这一衡量方法也被广泛用于相关领域研究中，例如Cole等（2014）、尹志超等（2014，2015，2019）。

（3）其他控制变量

Finke等（2017）与Cupák等（2018）的研究均发现，部分人口统计学特征也是金融知识的重要影响因素，并且Li（2014）的研究也表明夫妻间的信息共享也会影响彼此的金融知识水平。因此本章试图在回归中控制这些变量。结合我国国情，本章还通过户口所在地控制城乡差异。此外，考虑到不同行业对金融知识的敞口不同①，本章还控制了行业变量。

综上，本章选取的控制变量包括受访者特征变量以及家庭收入变量。其中，受访者特征变量包括受访者年龄、性别、婚姻状况、户口所在地、是否从事金融业。数据处理后，本书得到了36 577户样本②，变量的描述性统计见表6-3。

表6-3　变量的描述性统计

变量	变量定义	观测值	均值	标准差	中位数
Schooling	受教育年限	36 577	9. 213	3. 369	9
FL_factor	金融知识（因子分析）	36 577	-0. 001	0. 797	-0. 109
Age	年龄	36 577	51. 956	14. 837	52
Male	性别（男性=1）	36 577	0. 526	0. 499	1
Married	婚姻状况（已婚=1）	36 577	0. 849	0. 357	1
Log（Income+1）	收入的对数	36 577	5. 801	5. 252	9. 082
Rural	户口所在地	36 577	0. 311	0. 463	0
Finance	是否从事金融业	36 577	0. 012	0. 109	0

① 在金融行业工作的人有更多机会接触到金融信息导致其金融知识水平可能更高，因此本章试图控制“是否从事金融业”这个变量。

② 在中国家庭金融调查中，金融知识的问题仅对受访者进行测度（每户一个受访者），故本书实证研究部分均保留到受访者层面。由于第3章与第4章中被解释变量存在缺失，故本章的样本量明显高于前两章。

表6-3(续)

变量	变量定义	观测值	均值	标准差	中位数
CEL	《义务教育法》的影响	36 577	0.213	0.377	0
FL_score	金融知识（评分加总）	36 577	0.919	0.912	1

从表6-3可知，样本中受访者的平均受教育年限为9.213，平均年龄为51.956，大部分受访者为男性并已婚，因子分析得到的金融知识指标均值接近0，家庭平均答对金融知识问题数接近1，且不同家庭间金融知识水平差异明显。

6.3 研究设计

（1）基准模型

为了检验教育水平能否提高金融知识，本章的基准回归方程如下：

$$FL_{ij} = \alpha + \beta' Schooling_{ij} + \delta' X_{ij} + \rho' Province_j + Cohort_j + \varepsilon_{ij} \quad (6-1)$$

其中，FL_{ij} 代表受访者 i 的金融知识水平；$Schooling_{ij}$ 是受访者 i 的受教育年限水平；X_{ij} 是控制变量，包括受访者年龄、性别、婚否、家庭收入、户口所在地、是否从事金融业；α 是截距项，ε_{ij} 是扰动项。考虑到中国省级层面的显著差异，本书在回归方程中加上了省份虚拟变量 $Province_j$ 以捕捉省级层面固定效应；此外，借鉴Stephens等（2014）与Ma（2019）的研究，本书通过加入省份-出生年份线性趋势项 $Cohort_j$ 控制了省级层面不可观测的时间趋势（例如，各地经济增长与教学质量提升）。

（2）内生性问题

在方程（6-1）中，$Schooling_{ij}$的系数β'代表了教育水平对金融知识的影响，但考虑到遗漏变量的影响（例如，受访者身上难以观测到的内在能力使其能够获得更高的学历与金融知识水平），上述方程的主回归系数并不能解释两者间的因果关系，即存在内生性问题。因此，上述方程的主回归系数可能会错误估计教育水平对金融知识的影响。为了解决上述内生性问题，本章采用工具变量进行二阶段估计。参照赵西亮（2017）、Ma（2019）、Liang等（2019），本章围绕《义务教育法》的实施这一外生冲击构造教育的工具变量。

1986年，《义务教育法》的颁布从法律上规定了九年义务教育，即原本在各地失学的6~16岁儿童在此后必须重返校园学习。故相比于没受到《义务教育法》影响的儿童，恰好受到其影响的儿童接受的教育也更多。《义务教育法》颁布之后，中国的义务教育快速发展。根据国家统计局发布的数据，初中入学率从1986年的69.5%上升到1995年的90.8%，2000年以后超过95%（如图6-1所示）。

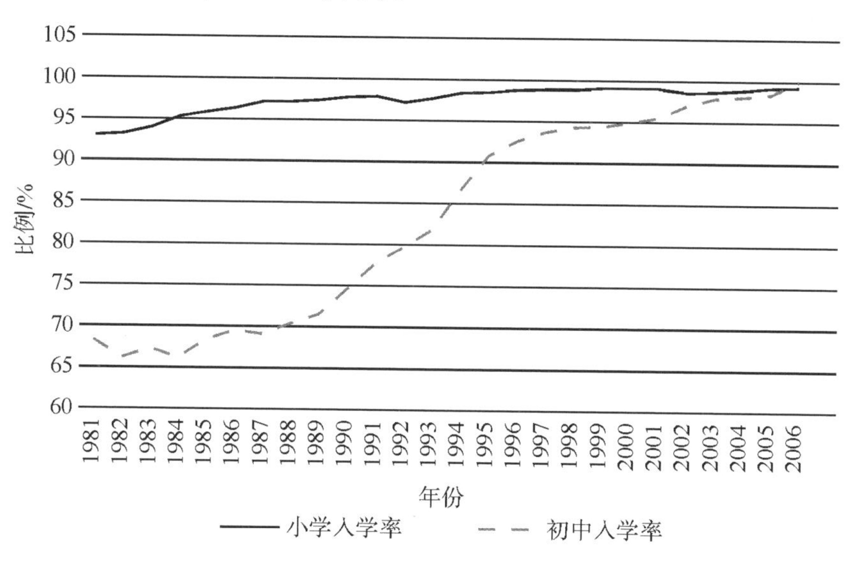

图6-1　1981~2006年小学、初中入学率

数据来源：国家统计局

此外，虽然我国义务教育法颁布于1986年，但各省颁布具体实施条例的时间有显著差异，如表6-4所示。基于此，《义务教育法》的有效实施时间可以作为个体受教育年限的工具变量，其具体构造方式如下：根据表6-4中各省的不同实施时间，本书将居民受到的影响程度定义为［0，1］区间的连续变量，也就是说，如果某人在《义务教育法》实施时小于6岁，他被视为会受到完全影响并记为1；如果某人在《义务教育法》实施时大于16岁，他被视为不会受到影响并记为0。相应地，如果某人在《义务教育法》实施时处于6~16岁，他受到的影响在（0，1）区间，且可以表示为“（16-义务教育法实施年份+出生年份）/9”。

有效的工具变量需要满足两个性质：相关性和外生性。显然，各地《义务教育法》实施所产生的有效影响程度会直接影响个人的受教育水平

（工具变量的相关性满足），但不会直接影响个人的金融知识水平，因为《义务教育法》的实施并不是为了提高居民的金融知识水平，并且我国至今没有在义务教育阶段开展金融教育课程。由此可见，本章选取的工具变量对被解释变量是外生的，与金融知识水平并没有直接相关性。此外，基于《义务教育法》的实施来构造教育水平的工具变量也因其合理性与有效性被广泛应用于国内外的研究中（Stephens et al.，2014；Cole et al.，2014；赵西亮，2017；Ma，2019；Liang et al.，2019）。

表 6-4　各省份对应《义务教育法》实施年份

政策实施年份	对应省份
1986	北京、河北、山西、黑龙江、上海、浙江、江西、重庆、四川、宁夏、辽宁
1987	天津、吉林、江苏、安徽、山东、河南、湖北、广东、云南
1988	福建、贵州、陕西
1989	内蒙古、青海
1991	甘肃
1992	湖南、广西、海南

注：数据来自 CHFS，其余省份数据未被收录，故此处不再列出。

基于上述分析，本书运用如下方程进行二阶段最小二乘估计：

$$\text{Schooling}_{ij} = \alpha_0 + \alpha_1 \text{CEL}_{ij} + \alpha_2 X_{ij} + \alpha_3 \text{Province}_j + \text{Cohort}_j + \eta_{ij} \,, \tag{6-2}$$

$$\text{FL}_{ij} = \beta_0 + \beta_1 \widehat{\text{Schooling}}_{ij} + \beta_2 X_{ij} + \beta_3 \text{Province}_j + \text{Cohort}_j + e_{ij} \,, \tag{6-3}$$

其中，方程（6-2）为第一阶段估计，CEL_{ij} 为《义务教育法》的工具变量，η_{ij} 是新的扰动项，$\widehat{\text{Schooling}}_{ij}$ 为方程（6-2）估出的第一阶段估计量，其他变量同方程（6-1）。

6.4 实证分析

6.4.1 实证结果

（1）基准回归结果

根据前文的变量定义与模型设定，本书首先检验居民的教育水平是否显著影响其金融知识水平。表 6-5 为基准回归结果，其中前两列为最小二乘估计结果①，后两列为纠正了内生性后的二阶段估计结果。总体上，表 6-5中的结果证实了教育水平对金融知识的正向溢出作用，即受教育年限显著提升了居民的金融知识，在控制了家庭、受访者特征、省份固定效应与省份-出生年份线性趋势项后，该影响在 1%水平上仍显著。此外，第（2）列中的估计结果表明，居民的金融知识水平会随家庭总收入增加而提高，已婚且拥有城市户口的受访者会有更高的金融知识水平，这可能是因为他们更有动机与机会去参与金融市场。

工具变量的回归结果证实了教育水平与金融知识间的正向因果性，第（4）列的估计结果显示，居民教育水平的增加会导致其金融知识增加 0.090，转化到标准差上约为 38.04% 。第一阶段的估计结果表明，《义务教育法》的实施显著提高了居民的受教育水平，工具变量的系数在 1%的水平显著且 F 值为 129.09，这也拒绝了弱工具变量假设②。

表 6-5 基准回归结果

变量	OLS （1）	OLS （2）	2SLS （3）	2SLS （4）
Schooling	0.071*** （0.001）	0.061*** （0.001）	0.093*** （0.011）	0.090*** （0.012）
Male		−0.054*** （0.006）		−0.011* （0.006）

① 由于最小二乘估计可能存在内生性问题，导致结果有偏，故后两列使用了工具变量进行二阶段估计。

② 参照第 4 章，Durbin-Wu-Hausman（DWH）检验也被用于支撑二阶段最小二乘估计的结果。DWH 检验的 P 值也显著，表明 2SLS 回归有意义，内生性检验通过。本章后续的二阶段最小二乘估计结果也均进行了 DWH 检验，结果符合预期。

表6-5(续)

变量	OLS (1)	OLS (2)	2SLS (3)	2SLS (4)
Married		0.034*** (0.008)		0.026*** (0.009)
Log（Income+1）		0.004*** (0.001)		0.002** (0.001)
Rural		-0.203*** (0.007)		-0.109*** (0.037)
Finance		0.234*** (0.021)		0.145*** (0.042)
出生年份固定效应	否	是	否	是
省份固定效应	是	是	是	是
省份-出生年份趋势项	是	是	是	是
样本量	36 577	36 577	36 577	36 577
R-squared	0.328	0.346	0.316	0.320
第一阶段回归结果				
义务教育法			0.707*** (0.056)	0.630*** (0.055)
F 值			157.33	129.09

注：***，** 和 * 分别表示在 1%，5%和 10%水平下显著，括号内为聚类异方差稳健标准误（按省份-出生年份聚类分析，避免异方差和组内自相关）。以下相同。

（2）分项回归结果

考虑到问卷中金融知识对应的三个不同问题（利率计算、通货膨胀理解与投资风险认知），本书分别对其进行上述回归以进一步检验教育水平对金融知识的影响，回归结果见表 6-6。其中，奇数列为三个问题的最小二乘估计结果，偶数列为相应的工具变量回归结果。总体上，三个金融知识问题的最小二乘估计结果均在 1%的水平下正显著，而工具变量估计结果在 5%的水平下正显著，这也进一步支持了表 6-5 中的基准回归结果。

表 6-6 金融知识分项回归结果

变量	利率计算问题		通货膨胀理解		投资风险问题	
	OLS (1)	2SLS (2)	OLS (3)	2SLS (4)	OLS (5)	2SLS (6)
Schooling	0.061*** (0.001)	0.130*** (0.017)	0.041*** (0.001)	0.023** (0.010)	0.071*** (0.001)	0.115*** (0.018)
控制变量	是	是	是	是	是	是
省份固定效应	是	是	是	是	是	是
省份-出生年份趋势项	是	是	是	是	是	是
样本量	36 577	36 577	36 577	36 577	36 577	36 577
R-squared	0.204	0.124	0.148	0.141	0.288	0.267
第一阶段回归结果						
义务教育法		0.630*** (0.055)		0.630*** (0.055)		0.630*** (0.055)
F 值		129.09		129.09		129.09

注：***，** 和 * 分别表示在 1%，5%和 10%水平下显著，回归结果中所有控制变量均与前文相同。为节省篇幅，没有报告其他控制变量的结果。以下相同。

6.4.2 稳健性检验

首先，考虑到本章选取的工具变量在第一阶段估计中本质上是基于义务教育法实施的连续双重差分估计量，而双重差分模型需满足的前提是平行趋势假定，即在没有外生冲击时，处理组和对照组的趋势一致，否则估计结果不可比。因此为了进一步检验工具变量的有效性，本书首先运用安慰剂检验来验证平行趋势假定。具体做法：本书假设《义务教育法》的实施会提前五年，如果此时估计系数变得不再显著，说明平行趋势假定得以满足，检验结果如表 6-7 中（1）列所示。回归结果表明，提前五年实施的《义务教育法》不影响居民教育水平，且此回归中教育对金融知识的影响也不再显著。因此，上文中工具变量的设定满足平行趋势假定并且也证实了表 6-5、表 6-6 中的回归结果是可靠的。

其次，本书采用以往研究中金融知识的另一种度量方式（Agnew et al.，2005；Lusardi et al.，2011；Guiso et al.，2008；尹志超 等，2014），即

答对问题的总数，作为前文中主回归变量金融知识（因子分析）的替代指标（记为 FL_score，其描述性统计见表 6-3），再次回归。（2）列为方程（6-1）对应的回归结果，（3）列为方程（6-2）和方程（6-3）对应的回归结果。显然，在金融知识（评分加总）指标下，教育水平对居民金融知识的影响仍正显著。

再次，考虑到样本中受访者的年龄区间较大而《义务教育法》的实施是在 1986 年之后，故年龄较大的受访者可能会带来选择性偏差，因此本书剔除了第一批《义务教育法》受影响者前 15 年及以上出生的人，再重新进行工具变量估计。表 6-7（4）列的估计结果与全样本估计结果一致，也证实了前文结果的稳健性。

最后，考虑到父母的特征（例如，受教育情况）可能会影响子女的金融知识水平（Grohmann et al.，2015），因此在表 6-7（5）列的回归中，本书控制了父母的特征再次回归，回归结果与前文一致，再次佐证了前文的回归结果。

表 6-7　稳健性检验回归结果

变量	安慰剂检验	金融知识的替代指标（评分加总）		缩短样本区间	控制父母特征
	2SLS （1）	OLS （2）	2SLS （3）	2SLS （4）	2SLS （5）
Schooling	0.899 （0.956）	0.069*** （0.001）	0.171*** （0.019）	0.062*** （0.012）	0.051*** （0.015）
控制变量	是	是	是	是	是
省份固定效应	是	是	是	是	是
省份-出生年份趋势项	是	是	是	是	是
样本量	12 220	36 577	36 577	24 412	17 598
R-squared	0.011	0.264	0.108	0.315	0.339
第一阶段回归结果					
义务教育法	-0.025 （0.349）		0.630*** （0.055）	2.889*** （0.255）	0.905*** （0.151）
F 值	0.01		129.09	128.55	35.64

注：***，** 和 * 分别表示在 1%，5%和 10%水平下显著。

6.4.3 异质性分析

为了进一步检验前文中的回归结果，即教育水平对金融知识水平的提高作用是否存在异质性，本书进行以下四方面检验。

首先，现有文献发现上过金融经济类课程的人其金融知识水平更高（Tennyson et al.，2001；Lührmann et al.，2015）。考虑到财经类相关课程培训、论坛等可以定向提高金融知识水平，对于有上述财经类信息获取渠道的受访者，即使他们的教育水平较低也可能拥有不低的金融知识水平。因此，相比于其他人，教育水平对金融知识的影响在他们身上可能会较不显著。基于此，按照是否有上过财经类课程，本书将受访者分为两组并对每组进行二阶段回归，回归结果见表6-8。表6-8中前两列回归结果表明，教育对金融知识的影响对没有上过财经类课程的人更显著，而对上过此类课程的人不显著，这也与我们的预期相符，即教育对金融知识的提高作用在没有上过财经类课程的人群中更大，基础教育与专项金融课程对金融知识的影响体现为互补的作用，基础教育对金融知识的提高作用对于那些没有专项金融课程获取渠道的人更为显著，这也与本书结论一致。

其次，本书检验了教育水平对金融知识的促进作用对不同经济类信息关注度的人是否也存在差异。表6-8中（3）、（4）列的结果表明，对经济类信息更关注的人，教育水平对其金融知识没有显著的影响，而平时对经济类信息不关注的人，其金融知识受到教育水平的影响更大。这是因为对经济类信息更关注的人，会有更多的渠道获取金融知识，因此教育水平对金融知识的促进作用也相对较小。

再次，本书检验了教育水平对金融知识的影响在性别上的差异。表6-8中（5）、（6）列的结果表明教育水平对金融知识的影响对男性显著，而对女性不显著，即男性更可能通过接受教育来获得金融知识。结合表6-5（2）列，本书对此的解释为相比于女性，男性的金融知识水平更低，因此教育水平的提高对其金融知识水平有更大的影响。

表 6-8　异质性检验回归结果

变量	是否上过财经类课程		对经济类信息的关注度		性别		户口所在地	
	是	否	不关注	关注	男	女	城市	农村
	2SLS（1）	2SLS（2）	2SLS（3）	2SLS（4）	2SLS（5）	2SLS（6）	2SLS（7）	2SLS（8）
Schooling	0.220 （0.323）	0.089*** （0.013）	0.132*** （0.015）	0.014 （0.023）	0.114*** （0.017）	0.023 （0.030）	0.083*** （0.012）	0.222 （0.177）
控制变量	是	是	是	是	是	是	是	是
省份固定效应	是	是	是	是	是	是	是	是
省份-出生年份趋势项	是	是	是	是	是	是	是	是
样本量	2 437	34 114	24 574	12 003	19 239	17 338	25 214	11 363
R-squared	0.018	0.296	0.106	0.274	0.268	0.326	0.292	0.054
第一阶段回归结果								
义务教育法	0.140 （0.111）	0.624*** （0.056）	0.690*** （0.064）	0.547*** （0.085）	0.668*** （0.072）	0.784*** （0.173）	0.733*** （0.067）	0.378*** （0.091）
F 值	1.59	122.95	113.33	41.38	85.69	20.41	116.35	17.01

注：***，** 和 * 分别表示在 1%，5%和 10%水平下显著。

最后，考虑到我国城乡的巨大差异，本书还检验了教育水平对金融知识的影响在两者间的差异。表6-8中（7）、（8）列的结果表明教育水平对金融知识的影响对城市户口的受访者更显著，而对农村户口的受访者不显著。这可能因为我国农村的正规金融市场还处在较低的发展水平，所以相比于城市居民，农村居民运用金融知识、参与金融市场以及使用正规金融产品的机会相对较少，他们更倾向于依赖非正规的途径（例如亲属关系）来满足经济需求（Zhang，2019）。因此，教育水平的提高对农村居民金融知识的影响有限。

6.4.4 影响渠道分析

上述结果证实了教育水平对居民金融知识的促进作用并且这种作用在四个方面有明显的异质性。因此，在本部分中，本书试图探究教育水平对金融知识影响的潜在渠道，即认知能力渠道与社会资本渠道。

一方面，本书发现了教育水平提高对认知能力的影响是提高金融知识水平的重要渠道之一。认知能力是指人脑加工、储存和提取信息的能力，它集中反映了人们学习和解决问题的能力，因此认知能力渠道是指教育可以通过提高个体收集、整理、分析信息的能力，从而帮助个体获得更多的金融知识。Banks等（2012）、Huang等（2013）的研究证实了教育水平的提高会促进认知能力提升。作为认知能力的重要体现维度，数学能力也被现有研究证实会影响金融知识水平（Grohmann et al.，2015），Cole等（2016）也发现接受过更多数学课程训练的人群其金融知识水平也会明显高于其他人，廖理等（2019）的研究也证实了数学能力对中国居民的金融素养差异性具有一定解释力。此外，在金融知识的三个相关问题中，前两个都显然需要用到数学知识，而数学作为核心必修课程出现在我国各阶段的基础教育体系中，接受过义务教育的人群其数学水平也会在平均水平上高于未接受过义务教育的人群。

基于此，本章认为认知能力的提升是教育影响金融知识的渠道之一，并用数学水平作为认知能力的重要衡量指标来检验教育影响金融知识的认知能力渠道，结果见表6-9（1）、（2）列。由于本章的主回归数据中没有认知能力的相关度量指标，所以本书采用2018年的中国家庭追踪调查数据（CFPS）进行此影响渠道的检验。根据标准的数学教材，中国家庭追踪调查从中选取了24个按难度分级的标准化数学问题。初始问题由受访者的教育水平决定，当受访者连续答错三个问题时，提问终止。受访者的最终数学水平评分取决于其答对的最难问题。如果受访者无法回答任何问题，其分数为初始问题评分减一。回归结果表明教育能显著提高个体的数学能力，而数学能力作为认知能力的重要体现维度也影响着金融知识的积累，这也证明了，认知能力是教育影响金融知识的一个重要机制。

另一方面，本书也发现了教育水平会通过社会资本渠道影响居民的金融知识水平。社会资本渠道是指教育水平的提高可以通过构造以同学为基础的人际网络和提高个人的社会交往能力来扩大个体的社会网络，进而形成社会资本（Gruber et al.，2008；Liang et al.，2019）。社会资本的增加也促进个体通过社会互动与社会学习，获取更多的金融知识以及影响其金融决策（Hong et al.，2004；Liang et al.，2015）。现有研究表明，社会学习（例如：口头交流与观察学习）是获取金融知识的渠道之一（Lachance，2014），Haliassos 等（2020）也发现了邻里间获取金融知识的社会乘数效应。

作为人生中第一个培养道德能力与社会规范的非家庭环境，学校教育对个体社会规范以及价值观的塑造起到了重要作用。通过学校教育，学生们学到了基本社会规范与社会责任，并在塑造互惠互助、相互尊重、相互信任的同伴文化中加以实践。而这些价值观也是产生社交能力、积累社会资本的关键（Huang et al.，2009）。因此，本章认为社会资本渠道也是教育影响金融知识的另一潜在影响渠道。

为了检验社会资本渠道，本书参考以往研究中对家庭社会交往的度量方式（Liang et al.，2015），运用 CHFS 数据中的礼金支出（非家庭成员）与通信支出作为衡量社会交往的主要指标进行回归，结果见表 6-9（3）~（6）列。总体上，回归结果表明教育会通过社会交往提高居民的金融知识水平。

表 6-9 影响渠道分析的回归结果

变量	认知能力渠道（数学能力）		社会资本渠道			
			礼金支出		通信支出	
	OLS	2SLS	OLS	2SLS	OLS	2SLS
	(1)	(2)	(3)	(4)	(5)	(6)
Schooling	0.063*** (0.002)	0.051** (0.024)	0.008*** (0.002)	0.004*** (0.001)	0.001*** (0.000)	0.001** (0.000)
控制变量	是	是	是	是	是	是
省份固定效应	是	是	是	是	是	是
省份-出生年份趋势项	是	是	是	是	是	是
样本量	12 752	12 752	12 520	12 520	19 763	19 763
R-squared	0.138	0.145	0.159	0.215	0.217	0.214
第一阶段回归结果						
义务教育法		3.277*** (0.381)		0.266*** (0.077)		6.114*** (0.060)
F 值		74.08		11.93		100.70

注：***，** 和 * 分别表示在 1%，5%和 10%水平下显著。

6.5 本章小结

基于中国家庭金融调查 2015 年的数据，本章实证研究了教育水平对金融知识的正向溢出作用，还构造了《义务教育法》实施的工具变量纠正了教育水平的内生性影响。研究发现，教育水平的提高可以显著提高居民的金融知识水平。金融知识三个问题的分项回归结果与一系列稳健性检验也支持了两者间的正向因果性，异质性检验发现教育对金融知识的促进作用在没有上过财经类课程、平时较少关注经济类信息的人群，男性以及城市居民中更显著。基于此，本章的进一步机制分析表明，教育对金融知识影响的促进作用来源于认知能力渠道与社会资本渠道。教育水平的提高会增加个体的认知能力和社会资本积累，进而增强个体金融信息的收集、分析与处理能力，从而促进个体的金融知识积累。

本章的研究结果具有重要的政策意义。中国家庭金融调查数据显示，我国家庭的金融知识水平普遍较低，且金融知识的缺乏阻碍了家庭参与金融市场。基于此，政府应该进一步向民众普及金融知识。但是考虑到作为一个发展中国家，我国在短期内无法像发达国家一样大范围开展金融教育课程，并且金融教育类课程的开展很可能会对现有课程存在挤出效应。根据本章的研究结果，提高现有教育资源的质量与覆盖率也能提高居民的金融知识水平。因此，增加基础教育投资，推进义务教育向优质均衡发展，降低高中学费等费用，甚至将高中教育纳入义务教育体系，将有利于提高居民的受教育水平，进而提升居民金融知识水平。

7 如何提高金融素养：金融市场参与

7.1 引言

金融知识作为一种重要的能力，可以帮助消费者在短期和长期作出利益最大化的金融决策。因此，国际上公认的金融知识定义均包含了对基本金融概念的理解以及简单金融计算的能力（Lusardi et al., 2011）。随着金融工具的多样化与复杂化，以及金融市场的日益复杂，提高人们的金融知识水平也愈发重要。此外，随着世界人口持续老龄化，逐渐增加的养老压力也成为全球都要共同面对的问题。现有研究表明金融知识对个人养老规划有明显的改善作用（Bucher-Koenen et al., 2011；Lusardi et al., 2011）。与此同时，大量数据也表明，世界范围内只有部分人群具备作出合理金融决策的能力（OECD, 2005；Atkinson et al., 2007；Lusardi et al., 2011；Klapper et al., 2020）。

考虑到金融知识缺乏带来的负面后果，例如退休储备金较低（Lusardi, 2008）、更依赖债务（Disney et al., 2013），许多发达国家提高金融知识水平的主要举措是推行金融教育课程（financial education program）。然而，现有研究表明此类课程的效果有限（Mandell, 2008；Herd et al., 2012；Cole et al., 2014；Brown et al., 2016）。Hilgert et al.（2003）的研究或许可以为此提供一个可能的解释，即具备知识的人不一定就能作出正确的决策。也就是说，两者间的关系可能更为复杂，这也使得后续研究更加注重因果识别，而不仅仅停留在相关关系的检验上。近年来，越来越多的金融教育项目也以随机实验的形式开展，研究者试图通过追访来探究金融教育课程对参与者金融知识以及后续金融行为的影响。Frijns 等（2014）通过在新西兰开展随机实验发现，现有金融教育课程的有限效果可能源于课程设计上的不足，即注重课程讲授而忽略了参与者的金融产品使用体验。相比之下，他们样本中拥有更多金融产品使用经验的人可以通过后期更多的自主学习掌握更多金融知识，这也体现了使用金融产品时的干中学效应。Seru等（2010）通过个人投资者的交易数据证实了金融市场中这种效应的存在性。

随着我国金融市场规模的快速提升，金融服务水平的大大改善，以及居民可支配收入水平的提高，家庭也越来越积极地参与到金融市场中。基于此，本章旨在研究家庭金融市场参与是否也会提升居民的金融知识水平，也就是说我国金融市场是否也存在如 Frijns 等（2014）提到的干中学效应。我国金融市场具备极大的发展潜力，在“十四五”时期将会进一步发展壮大，服务能力也会进一步提升。与此同时，随着中等收入群体扩大和人口老龄化时代的来临，居民资产配置和财富管理的需求也会持续增长。因此，探究金融市场对家庭的溢出效应是具有重要意义的。

第 5 章的研究结果已证实，在没有金融账户的成年人中，金融知识水平更低。可见，金融服务对金融知识水平有明显的溢出效应。本章使用中国家庭金融调查（CHFS）2013 年与 2015 年的数据，实证研究了金融市场对金融知识的溢出作用，并通过面板数据固定效应模型以及构造地区前一年非农人口占比的工具变量，纠正了家庭金融市场参与的内生性影响。研究发现，家庭金融市场参与的提高可以通过学习效应（干中学）这个渠道显著影响居民的金融知识水平，并且这种影响在男性、年龄在 50 岁以下、拥有城市户口、居住在东部的居民中更显著。后续的一系列稳健性检验也再次证实了两者间的正向因果关系。

因此，本章研究既是对现有金融知识决定因素文献的一个重要补充，也为如何提高金融知识水平的研究从金融市场的角度开辟了一个新的视角，即除了专项金融教育课程与上一章指出的普通教育外，金融市场与金融服务对提高金融知识也有重要的溢出作用。

本章接下来的部分安排如下：第二部分介绍数据来源与指标设计；第三部分描述模型设定；第四部分是实证分析，包括实证结果讨论、稳健性检验、异质性分析与影响渠道分析；第五部分是结论与政策建议。

7.2 数据来源与指标设计

与上一章实证部分使用的数据一致，本章使用的数据也来自西南财经大学中国家庭金融调查与研究中心的中国家庭金融调查（CHFS）。考虑到CHFS中金融知识的相关问题仅在2013年及2015年可比，且在目前可得的所有微观调查数据中，CHFS这两期的金融知识数据是唯一可比的两期并能形成面板数据，且同时覆盖了城市与农村地区的客观金融知识水平度量，故本书选取2013年与2015年的调查数据进行本章的实证研究。2013年的调查样本覆盖了全国29个省267个县1 048个村（居）委会的28 000多户家庭；2015年的调查样本覆盖了全国29个省351个县1 396个村（居）委会的37 000多户家庭①。本章的目的在于考察金融市场参与对居民金融知识水平的影响，因而合理构造指标与设计实证模型是本章的关键，下面就变量选取进行说明。

（1）金融知识指标

不同于其他微观调查问卷中让受访者自评金融知识水平，中国家庭金融调查从利率计算、通货膨胀及投资风险三个方面客观考察了受访者的金融知识水平。2013年与2015年的调查中金融知识相关问题回答情况的描述性统计如表7-1所示（三个具体的问题详见附录A）；相应地，上述问题回答选项的具体分布情况如表7-2所示。

从表7-1中可以看出，中国家庭在各个问题上的正确率均较低，尤其是通货膨胀的问题，其正确率远低于其他两个问题且其错误率也最高。此外，三个金融知识问题的回答中，选择“不知道或算不出来”的比率均较高，普遍维持在50%的水平左右波动。综合两年数据可以看出，2015年的各问题回答情况较2013年有明显提升。但相比于发达国家，我国大部分家庭仍缺乏对基本金融知识和金融市场的了解。

从表7-2中可以发现，在这两年的调查中，答对三个问题的家庭比例均较低，2013年为2.77%，2015年虽略有上升，但仍低于10%，仅为6.13%，这说明较少家庭能全部答对上述三个金融知识问题。而家庭的平

---

① 数据来源：https://chfs.swufe.edu.cn/index.htm。

均答对题数从2013年的0.68上升到了2015年的0.91，这说明大部分家庭难以答对一道金融知识问题。表7-2再次表明，尽管近些年随着我国金融市场的进一步发展，家庭金融知识水平呈现出上升趋势，但居民的金融素养仍远低于欧美发达国家，且大部分家庭仍处在金融知识水平较低的阶段，例如所有家庭平均回答正确的问题个数仍未到1。

表7-1 金融知识相关问题回答情况的描述性统计 单位:%

Panel A：2013年各问题回答情况			
	利率计算问题	通货膨胀理解	投资风险问题
正确	22.60	15.76	29.98
错误	27.12	42.17	9.85
不知道/算不出来	50.28	42.07	60.17
Panel B：2015年各问题回答情况			
	利率计算问题	通货膨胀理解	投资风险问题
正确	28.39	16.10	51.67
错误	22.84	37.70	4.59
不知道/算不出来	48.77	46.20	43.74

表7-2 金融知识相关问题回答选项的分布 单位:%

Panel A：2013年回答选项的分布					
	各问题回答正确，错误以及不知道/算不出来的具体比例				
	0	1	2	3	均值/个
正确	51.68	31.07	14.48	2.77	0.68
错误	46.35	30.95	19.93	2.77	0.79
不知道/算不出来	26.82	24.36	18.28	30.54	1.52
Panel B：2015年回答选项的分布					
	各问题回答正确，错误以及不知道/算不出来的具体比例				
	0	1	2	3	均值/个
正确	39.85	34.45	19.57	6.13	0.91
错误	51.12	29.77	18.20	0.91	0.68
不知道/算不出来	33.46	20.53	18.32	27.69	1.40

参考以往文献（Van Rooij et al.，2011；Lusardi et al.，2011），本章与上一章一致，主要采用因子分析的方法构建金融知识指标。具体来说，本书认为回答错误的受访者可能部分了解某些金融概念，而回答“不知道”的受访者可能完全不知晓这些概念，故前者与后者的金融知识水平极有可能不同。因而，为了进一步区分每个问题的上述两种回答情况，本章对其分别构建两个虚拟变量。其中，是否回答正确由第一个虚拟变量体现，回答正确为1，否则为0；是否直接回答由第二个虚拟变量体现，回答“不知道”为0，否则为1。以这六个虚拟变量为依据，本书采用迭代主因子法进行因子分析（详细结果见附录E）。根据因子分析结果，本书保留特征值大于1的两个因子，以此构造相应的金融知识指标，即“金融知识（因子分析）”（记为FL_factor）。并将其作为被解释变量用于后文的基准回归中，其描述性统计见表7-3。

此外，考虑到现有文献中也采用受访者回答正确的问题个数来衡量金融知识（Agnew et al.，2005；Guiso et al.，2008），我们采用这一指标（记为FL_score）作为金融知识的另一衡量指标并用于本章的稳健性检验中。

（2）解释变量

为了更好地衡量家庭的金融市场参与状况，本章在现有文献基础上选取了两个指标作为解释变量。首先，本书借鉴Celerier等（2019）与Klapper等（2020）的做法，将国际上通用的金融包容指标（financial inclusion）作为家庭是否参与金融市场、接受金融服务的一个维度。具体地，本书以家庭“是否持有银行账户”为虚拟变量对金融包容进行度量，其中银行账户包含银行定期存款账户与活期存款账户，也就是说家庭持有其中任意一种账户，则该变量为1，否则为0。这一衡量方法也被广泛用于金融发展等领域的研究中，例如Allen等（2016）。

此外，参照尹志超等（2015，2019），本书根据家庭风险资产的配置情况构造了家庭金融市场参与的另一维度指标，即家庭是否拥有正规金融市场的风险资产，当家庭持有此类资产时，记为1，否则为0。其中，正规金融市场的风险资产包括股票、基金、债券、金融衍生品、金融理财产品、非人民币资产、贵金属和其他金融资产。

（3）其他控制变量

Finke等（2017）与Cupák等（2018）的研究均发现，部分人口统计学特征也是金融知识的重要影响因素；此外，考虑到中国较大的城乡差异以及在金融行业工作的人有更多机会接触到金融信息导致其金融知识水平可能更高，户口所在地与是否从事金融业这两个变量也应该被控制以排除混杂因素。基于此，本章选取的控制变量包括受访者特征变量以及家庭收入变量。其中，受访者特征变量包括年龄、性别、婚姻状况、受教育年限、户口所在地、是否从事金融业；且教育水平变量的构造与上一章一致，均来自问卷中衡量受访者的教育水平的问题，并折算成可比的受教育年限。在数据处理后，本书得到了 42 353 户样本，变量的描述性统计见表 7-3。

从表 7-3 可知，样本中受访者的家庭金融包容比例为 66.4%，远高于其金融市场参与比例 13%，这也与我国乃至世界的情况一致，即家庭持有银行账户的比例远高于持有正规金融市场风险资产的比例。受访者中已婚的中年男性居多①，平均学历处于初中水平，且样本中户口在城市的受访者多于在农村的受访者。此外，因子分析得到的金融知识指标均值接近 0，家庭平均答对金融知识问题数接近 1，且不同家庭间金融知识水平有明显差异。

表 7-3　变量的描述性统计

变量	变量定义	观测值	均值	标准差	中位数
Account	金融包容（持有银行账户=1）	42 353	0. 664	0. 472	1
Fmkp	金融市场参与（持有正规金融市场风险资产=1）	42 353	0. 130	0. 336	0
FL_factor	金融知识（因子分析）	42 353	-0. 022	0. 701	-0. 036
Age	年龄	42 353	52. 012	14. 310	51
Male	性别（男性=1）	42 353	0. 538	0. 498	1
Married	婚姻状况（已婚=1）	42 353	0. 861	0. 345	1
Schooling	受教育年限	42 353	8. 955	4. 313	9
Log（Income+1）	收入的对数	42 353	5. 526	5. 237	8. 69
Rural	户口所在地	42 353	0. 365	0. 481	0
Finance	从事金融业	42 353	0. 009	0. 099	0

① 受访者平均年龄与受教育年限分别为 52 与 8.95。

表7-3（续）

变量	变量定义	观测值	均值	标准差	中位数
IV	非农人口占比	42 353	0.321	0.156	0.281
FL_score	金融知识（评分加总）	42 353	0.772	0.864	1

7.3 研究设计

（1）基准模型

为了检验金融市场参与能否提高金融知识水平，本章的基准回归方程如下：

$$FL_{ijt} = \alpha + \beta' FP_{ijt} + \delta' X_{ijt} + \rho' Household_{ij} + \varepsilon_{ijt}, \quad (7-1)$$

其中，FL_{ijt} 代表受访者 i 的金融知识水平；FP_{ijt} 是受访者 i 的金融市场参与的两个维度，具体地，本书用上一节中构造的两个变量 Account 与 Fmkp 来分别代表家庭金融包容与金融市场参与；X_{ijt} 是控制变量，包括受访者年龄、性别、婚否、受教育年限、家庭收入、户口所在地、是否从事金融业；α 是截距项；ε_{ijt} 是扰动项。考虑到在2013—2015年的面板数据中，家庭层面的不可观测因素也会影响估计结果，故本书在回归方程中加上了家庭层面的固定效应 $Household_{ij}$ 以捕捉家庭层面的不可观测因素，并且在本章的模型设定下，控制家庭固定效应也是最严格的设定。

（2）内生性问题

在方程（7-1）中，FP_{ijt} 的系数 β' 代表了家庭金融市场参与对金融知识的影响，但考虑到反向因果与遗漏变量的影响，上述方程的主回归系数并不能准确解释两者间的因果关系，即存在内生性问题。具体而言，对于反向因果问题，本书还需考虑到是否是受访者的金融知识水平决定了其金融市场参与，比如受访者的金融知识水平较高可能导致其更多地参与到金融市场中；而对于遗漏变量问题，本书也需要考虑到是否有其他难以观测到的变量同时使受访者更可能参与金融市场以及获得更高的金融知识水平，比如地区层面的文化背景与理财习惯等。在上述模型设定中，本书通过使用面板数据以及控制家庭层面的固定效应已经对反向因果与遗漏变量问题进行了部分的解决，但仍难以穷尽所有因素。因此在后文中，本书将通过多种办法来缓解内生性问题，进一步识别解释变量对被解释变量的净效应。

考虑到由于内生性问题导致的上述方程主回归系数 β' 可能被高估，本书采用工具变量进行二阶段估计。参照尹志超等（2015）的研究，本书选取家庭所在地区前一年的非农人口占比作为工具变量，以缓解模型中的内生性问题。此工具变量背后的逻辑为某地区的非农人口占比越高，当地的金融业也会较为发达，相对而言，金融机构数目会更多，金融服务也会更加完善，即地区非农人口占比与家庭金融包容以及金融市场参与相关度很高，这满足了工具变量的相关性条件；此外，地区前一年的非农人口占比和受访者金融知识水平之间没有直接的关系，且不受当期冲击影响，也满足工具变量的外生性条件①。

因此，使用地区前一年的非农人口占比作为金融市场参与的工具变量满足了有效工具变量的两个条件，且用于主回归结果中是合适的。在后续稳健性检验中，本书也会使用其他的工具变量以及不同的模型设定对内生性问题进一步讨论。

基于上述分析，本书运用如下方程进行二阶段最小二乘估计：

$$\mathrm{FP}_{ijt} = \alpha_0 + \alpha_1 \mathrm{IV}_{ijt} + \alpha_2 X_{ijt} + \alpha_3 \mathrm{Household}_{ij} + \eta_{ijt} \text{ ,} \tag{7-2}$$

$$\mathrm{FL}_{ijt} = \beta_0 + \beta_1 \widehat{\mathrm{FP}}_{ijt} + \beta_2 X_{ijt} + \beta_3 \mathrm{Household}_{ij} + e_{ijt} \text{ ,} \tag{7-3}$$

其中，方程（7-2）为第一阶段估计；IV_{ijt} 为工具变量，即上文提到的家庭所在地区前一年的非农人口占比，该数据来源于国家统计局，由笔者手动搜集整理；η_{ijt} 是新的扰动项，$\widehat{\mathrm{FP}}_{ijt}$ 为方程（7-2）估出的第一阶段估计量，其他变量同方程（7-1）。

7.4 实证分析

7.4.1 回归结果

（1）基准回归结果

根据前文的变量定义与模型设定，本书首先检验了金融市场对金融知

① 此外，本书也选取各地前一年银行分支机构数量作为工具变量进行了实证分析，其结果也证实了本章主回归结果的稳健性。考虑到后文一系列稳健性检验的结果更具说服力，故在此并未将以前定银行分支机构数量作为工具变量的结果单独列出。

识是否存在溢出作用。表 7-4 为基准回归结果，其中，前两列对应解释变量为金融包容的最小二乘估计结果，后两列则对应解释变量为家庭金融市场参与的最小二乘估计结果。

总体上，表 7-4 中的结果表明，金融市场对金融知识有显著的溢出作用，具体体现在家庭金融包容与金融市场参与上。在控制了家庭、受访者特征与家庭固定效应后，该影响仍在 1%水平上显著。具体地，在（2）列的估计结果中，解释变量金融包容的估计系数为 0.108，本书对其解释为家庭金融包容每增加一个单位，会导致其金融知识水平提高 0.108，转化到标准差上约为 7.27%，这表明家庭金融包容程度越高，家庭的金融知识水平也越高。同理，在（4）列的估计结果中，解释变量金融市场参与的估计系数为 0.118，本书对其解释为家庭金融市场参与每增加一个单位，会导致其金融知识水平提高 0.118，转化到标准差上约为 5.65%，这表明家庭金融市场参与程度越高，家庭的金融知识水平也越高。

此外，（2）列与（4）列中的最小二乘估计结果表明，居民的金融知识水平会随家庭总收入增加而提高，而受教育年限更长、在金融业工作的受访者会有更高的金融知识水平，这可能是因为他们更有动机与机会去参与金融市场。

表 7-4　基准回归结果

变量	OLS （1）	OLS （2）	OLS （3）	OLS （4）
Account	0.122*** （0.009）	0.108*** （0.009）		
Fmkp			0.132*** （0.015）	0.118*** （0.015）
Age		−0.010*** （0.001）		−0.010*** （0.001）
Male		−0.110*** （0.013）		−0.114*** （0.013）
Married		−0.017 （0.017）		−0.021 （0.017）
Schooling		0.031*** （0.003）		0.033*** （0.003）

表7-4(续)

变量	OLS (1)	OLS (2)	OLS (3)	OLS (4)
Log (Income+1)		0.003*** (0.001)		0.003*** (0.001)
Rural		0.002 (0.082)		0.006 (0.082)
Finance		0.126** (0.051)		0.117** (0.051)
家庭固定效应	是	是	是	是
样本量	42 353	42 353	42 353	42 353
R-squared	0.162	0.258	0.111	0.260

注：***，** 和 * 分别表示在 1%，5%和 10%水平下显著，括号内为聚类异方差稳健标准误（按省份-出生年份聚类分析，避免异方差和组内自相关）。以下相同。

由于最小二乘估计可能存在内生性问题，导致结果有偏，本书还使用了工具变量进行二阶段估计，表 7-5 报告了相应结果。

表 7-5　工具变量估计结果

变量	2SLS (1)	2SLS (2)
Account	0.705*** (0.139)	
Fmkp		1.168*** (0.263)
Age	-0.011*** (0.001)	-0.008*** (0.003)
Male	-0.050 (0.065)	-0.096*** (0.035)
Married	0.037 (0.063)	-0.030 (0.037)
Schooling	0.010 (0.022)	0.019 (0.018)
Log (Income+1)	-0.010 (0.013)	-0.001 (0.007)

表7-5(续)

变量	2SLS (1)	2SLS (2)
Rural	0.054 (0.142)	-0.001 (0.171)
Finance	0.142* (0.082)	0.153 (0.367)
家庭固定效应	是	是
样本量	42 353	42 353
R-squared	0.228	0.226
第一阶段回归结果		
非农人口占比	1.508*** (0.196)	0.617*** (0.101)
F 值	59.19	37.32

注：***，** 和 * 分别表示在 1%，5%和 10%水平下显著。

表 7-5 中工具变量的回归结果证实了金融市场参与与金融知识间的正向因果性，（1）列的估计结果显示，家庭金融包容的增加会导致其金融知识增加 0.705，转化到标准差上约为 47.47%。第一阶段的估计结果表明，地区前一年的非农人口占比对家庭金融包容有显著正向影响，工具变量的系数在 1%的水平显著且 F 值为 59.19，这也拒绝了弱工具变量假设。相应地，（2）列的估计结果显示，家庭金融市场参与的增加会导致其金融知识增加 1.168，转化到标准差上约为 55.98%。显然，工具变量的估计结果比表 7-4 中的最小二乘估计结果大，这可能是因为“局部平均处理效应”（LATE）使得工具变量法估计的系数被扩大（Imbens et al.，1994）。第一阶段的估计结果表明，地区前一年的非农人口占比对家庭金融包容有显著正向影响，且该效应在 1%的水平显著；第一阶段 F 值（37.32）大于 10，拒绝了弱工具变量假设①。因此，对于家庭金融市场参与的两个维度，选择地区前一年的非农人口占比作为工具变量是合适的。

① 参照第 6 章，本书还对二阶段最小二乘估计的结果进行了 Durbin-Wu-Hausman（DWH）检验，DWH 检验的 P 值也显著，表明 2SLS 回归有意义，内生性检验通过。本章后续的二阶段最小二乘估计结果也均进行了 DWH 检验，结果符合预期。

（2）分项回归结果

考虑到问卷中金融知识对应的三个不同问题（利率计算、通货膨胀理解与投资风险），本书分别对其进行上述回归以进一步检验家庭金融市场参与对金融知识的影响，回归结果见表 7-6。其中，Panel A 为解释变量为家庭金融包容的分项回归结果，Panel B 为解释变量为家庭金融市场参与的相应结果，并且奇数列为三个问题的最小二乘估计结果，偶数列为相应的工具变量回归结果。总体上，三个金融知识问题的最小二乘估计结果与工具变量估计结果均在 1%的水平下正显著，这也进一步支持了表 7-4 与表 7-5中的基准回归结果。

表 7-6　金融知识分项回归结果

Panel A：解释变量为家庭金融包容						
变量	利率计算问题		通货膨胀理解		投资风险问题	
	OLS (1)	2SLS (2)	OLS (3)	2SLS (4)	OLS (5)	2SLS (6)
Account	0.027*** (0.007)	0.725*** (0.106)	0.022*** (0.006)	0.377*** (0.074)	0.102*** (0.007)	0.506*** (0.059)
控制变量	是	是	是	是	是	是
家庭固定效应	是	是	是	是	是	是
样本量	42 353	42 353	42 353	42 353	42 353	42 353
R-squared	0.135	0.073	0.027	0.011	0.198	0.020
第一阶段回归结果						
非农人口占比		1.508*** (0.196)		1.508*** (0.196)		1.508*** (0.196)
F 值		59.19		59.19		59.19
Panel B：解释变量为家庭金融市场参与						
变量	利率计算问题		通货膨胀理解		投资风险问题	
	OLS (1)	2SLS (2)	OLS (3)	2SLS (4)	OLS (5)	2SLS (6)
Fmkp	0.046*** (0.012)	1.771*** (0.641)	0.030*** (0.010)	0.923*** (0.078)	0.093*** (0.012)	1.237*** (0.435)
控制变量	是	是	是	是	是	是

表 7-6(续)

Panel B：解释变量为家庭金融市场参与						
变量	利率计算问题		通货膨胀理解		投资风险问题	
	OLS (1)	2SLS (2)	OLS (3)	2SLS (4)	OLS (5)	2SLS (6)
家庭固定效应	是	是	是	是	是	是
样本量	42 353	42 353	42 353	42 353	42 353	42 353
R-squared	0. 138	0. 072	0. 031	0. 020	0. 198	0. 057
第一阶段 回归结果						
非农人口占比		0. 617 *** (0. 101)		0. 617 *** (0. 101)		0. 617 *** (0. 101)
F 值		37. 32		37. 32		37. 32

注：***，** 和 * 分别表示在 1%，5%和 10%水平下显著，回归结果中所有控制变量均与前文相同。为节省篇幅，没有报告其他控制变量的结果。以下相同。

7. 4. 2 稳健性检验

首先，与上一章一致，本书采用以往研究中金融知识的另一种度量方式（Agnew et al., 2005；Guiso et al., 2008；Lusardi et al., 2011），即答对问题的总数并记为 FL_score，其描述性统计见表 7-3。本书将其作为前文中主回归变量金融知识（因子分析）FL_factor 的替代指标，再次回归，回归结果如表 7-7 所示。显然，在金融知识（评分加总）指标下，家庭金融市场参与对居民金融知识的影响仍正显著。

表 7-7 稳健性检验回归结果（金融知识替代指标）

变量	金融知识的替代指标（评分加总）			
	OLS (1)	2SLS (2)	OLS (3)	2SLS (4)
Account	0. 151 *** (0. 012)	0. 595 *** (0. 153)		
Fmkp			0. 169 *** (0. 022)	1. 455 *** (0. 393)
控制变量	是	是	是	是

表7-7(续)

变量	金融知识的替代指标（评分加总）			
	OLS (1)	2SLS (2)	OLS (3)	2SLS (4)
家庭固定效应	是	是	是	是
样本量	42 353	42 353	42 353	42 353
R-squared	0.270	0.237	0.278	0.232
第一阶段回归结果				
非农人口占比		1.508*** (0.195)		0.617*** (0.101)
F 值		59.80		37.32

注：***，** 和 * 分别表示在 1%，5%和 10%水平下显著。

其次，考虑到样本中直辖市的经济发展水平、金融发展水平、人口聚集程度等方面均有别于其他地区，故将其与其他地区数据放在一起可能会影响估计结果，参考梁平汉等（2020）的研究，本书剔除了北京、上海、天津与重庆四个直辖市，再重新进行最小二乘与工具变量估计，结果如表7-8 所示。表 7-8 中的估计结果显示，家庭金融包容与金融市场参与对金融知识的提升效果依然稳健。

表 7-8　稳健性检验回归结果（剔除直辖市）

变量	OLS (1)	2SLS (2)	OLS (3)	2SLS (4)
Account	0.111*** (0.009)	1.467*** (0.521)		
Fmkp			0.126*** (0.018)	1.515*** (0.566)
控制变量	是	是	是	是
家庭固定效应	是	是	是	是
样本量	35 937	35 937	35 937	35 937
R-squared	0.287	0.106	0.288	0.134
第一阶段回归结果				
非农人口占比		2.652*** (0.310)		0.257*** (0.051)
F 值		73.24		25.39

注：***，** 和 * 分别表示在 1%，5%和 10%水平下显著。

最后，考虑到上文中提到的反向因果与遗漏变量导致的内生性问题，本书对模型的设定又进行了两个稳健性检验。首先，为了进一步克服反向因果问题，本书选用2013年数据中的解释变量与2015年数据中的被解释变量，并将二者合并在一起构造成了混合截面数据进行回归，回归结果见表7-9，且最小二乘估计结果与工具变量估计结果分别展示在了Panel A与Panel B中。回归结果均显著且通过了工具变量检验，也再次佐证了前文的回归结果。

表7-9 稳健性检验回归结果（克服反向因果）

Panel A：最小二乘估计结果（OLS）		
变量	（1）	（2）
Account	0.129*** （0.009）	
Fmkp		0.251*** （0.012）
控制变量	是	是
省份固定效应	是	是
样本量	21 215	21 215
R-squared	0.302	0.307
Panel B：工具变量估计结果（2SLS）		
变量	（1）	（2）
Account	0.901** （0.374）	
Fmkp		6.456*** （1.596）
控制变量	是	是
省份固定效应	是	是
样本量	21 215	21 215
R-squared	0.070	0.092
第一阶段回归结果		
非农人口占比	0.864*** （0.247）	0.121*** （0.038）
F 值	12.23	10.13

注：***，**和*分别表示在1%，5%和10%水平下显著。

此外，考虑到上文中使用的工具变量来自地区层面，可能存在难以捕捉的地区层面以下的变化而导致估计有偏。因此，本书试图通过替换工具变量进一步论证上述结果的稳健性。由于中国家庭金融调查直到2017年才公开社区代码，且2017年的数据与前两期不可比，因此在下文的稳健性检验中，本书使用CHFS 2017年单年的数据进行检验，回归结果如表7-10所示。参照现有文献，表7-10中用到了三个工具变量。其中，第一个工具变量的构造思想是基于Lieber等（2018）的研究，本书选取居住在同一个小区的其他人的家庭金融包容、家庭金融市场参与情况，即社区平均的解释变量作为工具变量。其背后的逻辑为家庭可能受到周围人的同辈效应（peer effect）影响来参与金融市场，但其他人是否参与金融市场对该家庭而言相对外生，不受该家庭的控制，故社区平均的解释变量相对被解释变量也是外生的。以社区平均解释变量作为工具变量的做法也被广泛用于研究中，如尹志超等（2015）、张号栋等（2016）以及尹志超等（2019）。第二个工具变量的构造思想源于吴晓怡等（2016）以及梁平汉等（2020），用前一期的解释变量作为工具变量。其背后的逻辑为当期冲击只影响当下及以后，不影响前一期的解释变量，故不存在反向因果问题。第三个工具变量则与前文一致，使用的是地区前一年的非农人口占比。

表7-10　稳健性检验回归结果（替换工具变量）

Panel A：最小二乘估计结果（OLS）		
变量	（1）	（2）
Account	0.118*** （0.012）	
Fmkp		0.284*** （0.012）
控制变量	是	是
省份固定效应	是	是
样本量	27 643	27 643
R-squared	0.282	0.293

表 7-10(续)

Panel B：工具变量估计结果（2SLS）						
变量	(1)	(2)	(3)	(4)	(5)	(6)
Account	0.483*** (0.047)		2.251*** (0.236)		9.566*** (3.214)	
Fmkp		0.867*** (0.044)		0.681*** (0.041)		2.584*** (0.409)
控制变量	是	是	是	是	是	是
省份固定效应	是	是	是	是	是	是
样本量	27 643	27 643	16 378	16 378	27 643	27 643
R-squared	0.261	0.237	0.136	0.165	0.140	0.109
第一阶段回归结果						
工具变量	社区平均解释变量		上一期解释变量		非农人口占比	
工具变量系数	0.893*** (0.025)	0.914*** (0.021)	0.066*** (0.005)	0.408*** (0.012)	0.042*** (0.013)	0.156*** (0.025)
F 值	1 181.36	1 769.47	155.52	1 035.72	10.10	37.87

注：***，** 和 * 分别表示在 1%，5%和 10%水平下显著，表中的数据均来源于 CHFS 2017。

表 7-10 的 Panel A 为最小二乘估计结果，Panel B 为工具变量估计结果。回归结果均在 1% 的水平上显著且通过了工具变量的 F 检验，与 2013—2015 年的估计结果一致，也证实了前文结果的稳健性。

7.4.3 异质性分析

为了进一步检验前文中的回归结果，即金融市场参与对金融知识的提高作用是否存在异质性，本书进行以下几方面检验。

首先，本书检验了金融市场参与对金融知识的影响在受访者年龄上的差异。表 7-11 中（1）～（4）列的结果表明金融市场参与对金融知识的影响对年龄在 50 岁及以上的受访者显著，而对 50 岁以下的受访者不显著，即年纪更大的人更可能通过金融市场参与来获得金融知识。结合表 7-4（2）、（4）列，本书对此的解释为相比于年纪轻的人，年纪大的人金融知识水平更低，且参与到金融市场的机会相对较少，因此金融市场参与的提高对其金融知识水平有更大的影响。

表 7-11　异质性检验回归结果（年龄）

变量	年龄		年龄	
	50 岁以下	50 岁及以上	50 岁以下	50 岁及以上
	2SLS (1)	2SLS (2)	2SLS (3)	2SLS (4)
Account	1.636 (1.740)	2.131*** (0.808)		
Fmkp			1.663 (1.549)	1.569*** (0.298)
控制变量	是	是	是	是
家庭固定效应	是	是	是	是
样本量	18 662	23 691	18 662	23 691
R-squared	0.009	0.147	0.002	0.148
第一阶段回归结果				
非农人口占比	3.001* (1.556)	1.169*** (0.358)	2.952* (1.701)	1.589*** (0.502)
F 值	3.72	10.66	2.99	10.01

注：***，** 和 * 分别表示在 1%，5%和 10%水平下显著。

其次，本书检验了金融市场参与对金融知识的影响在性别上的差异。表 7-12 中（1）～（4）列的结果表明金融市场参与对金融知识的影响对男性显著，而对女性不显著，即男性更可能通过参与金融市场来获得金融知识。同样地，结合表 7-4（2）、（4）列与表 7-5，本书对此可以解释为相比于女性，男性的金融知识水平更低，因此金融市场参与的提高对其金融知识水平有更大的影响。

表 7-12　异质性检验回归结果（性别）

变量	性别		性别	
	男	女	男	女
	2SLS (1)	2SLS (2)	2SLS (3)	2SLS (4)
Account	3.141*** (0.810)	0.175 (0.143)		

表7-12(续)

变量	性别		性别	
	男	女	男	女
	2SLS (1)	2SLS (2)	2SLS (3)	2SLS (4)
Fmkp			2.224*** (0.472)	0.201 (0.283)
控制变量	是	是	是	是
家庭固定效应	是	是	是	是
样本量	22 797	19 556	22 797	19 556
R-squared	0.007	0.010	0.018	0.024
第一阶段回归结果				
非农人口占比	1.192*** (0.370)	2.738** (1.353)	1.685*** (0.497)	2.391** (1.150)
F 值	10.37	4.09	11.49	4.32

注：***，** 和 * 分别表示在 1%，5%和 10%水平下显著。

再次，本书检验了金融市场参与对金融知识的影响在户口所在地上的差异。表 7-13 中（1）、（3）列的结果表明金融市场参与对金融知识的影响对城市户口的受访者更显著，而对农村户口的受访者不显著，即城市居民更可能通过参与金融市场来获得金融知识。这是因为，相比于城市居民，农村居民享受银行金融服务、参与金融市场、使用正规金融产品的机会较少，Zhang（2019）发现农村居民更倾向于依赖非正规的途径（例如亲属关系）来满足经济需求，故金融市场参与对其金融知识的影响有限。

表 7-13　异质性检验回归结果（户口所在地）

变量	户口所在地		户口所在地	
	城市	农村	城市	农村
	2SLS (1)	2SLS (2)	2SLS (3)	2SLS (4)
Account	8.180*** (0.809)	1.101 (0.953)		
Fmkp			6.001** (2.448)	6.822 (5.903)
控制变量	是	是	是	是

表7-13(续)

变量	户口所在地		户口所在地	
	城市	农村	城市	农村
	2SLS (1)	2SLS (2)	2SLS (3)	2SLS (4)
家庭固定效应	是	是	是	是
样本量	26 866	15 487	26 866	15 487
R-squared	0. 091	0. 002	0. 105	0. 007
第一阶段回归结果				
非农人口占比	0. 578*** (0. 201)	5. 077* (2. 895)	0. 788*** (0. 304)	0. 008** (0. 004)
F 值	8. 26	3. 075	6. 719	4. 01

注：***，** 和 * 分别表示在 1%，5%和 10%水平下显著。

最后，本书还检验了金融市场参与对金融知识的影响在地区上的差异。表 7-14 中（1）、（3）列的结果表明金融市场参与对金融知识的影响对东部地区的受访者更显著，而对中西部地区的受访者不显著，即东部地区的居民更可能通过参与金融市场来获得金融知识。其原因与户口所在地上的异质性类似，即中西部地区的银行以及其他金融机构普遍少于东部地区，故该地居民享受金融服务、参与金融市场、使用正规金融产品的机会也较少，故金融市场对金融知识的溢出效应有限。

表 7-14　异质性检验回归结果（地区）

变量	地区		地区	
	东部	中西部	东部	中西部
	2SLS (1)	2SLS (2)	2SLS (3)	2SLS (4)
Account	3. 523*** (0. 595)	2. 140 (4. 494)		
Fmkp			1. 082** (0. 474)	3. 789 (2. 646)
控制变量	是	是	是	是
家庭固定效应	是	是	是	是

表7-12（续）

变量	地区		地区	
	东部	中西部	东部	中西部
	2SLS （1）	2SLS （2）	2SLS （3）	2SLS （4）
样本量	18 997	23 356	18 997	23 356
R-squared	0.149	0.115	0.090	0.093
第一阶段回归结果				
非农人口占比	0.429*** （0.124）	1.201*** （0.446）	1.396*** （0.448）	0.238** （0.118）
F 值	11.96	7.25	9.709	4.06

注：***，** 和 * 分别表示在 1%，5%和 10%水平下显著。

7.4.4 影响渠道分析

上述结果证实了金融市场参与对居民金融知识的促进作用并且这种作用在四个方面有明显的异质性。因此，本部分试图探究金融市场参与对金融知识影响的潜在渠道，即学习效应（learning by doing）渠道。Seru 等（2010）通过个人投资者的交易数据证实了金融市场中这种效应的存在性。

Frijns 等（2014）通过新西兰的随机实验发现了金融市场参与的学习效应，即人们通过参与金融市场，在购买金融产品、享受金融服务等过程中学习金融知识，并增进对金融市场的了解。此外，Lieber 等（2018）的研究也证实了同辈效应（peer effect）在金融市场中的存在。考虑到金融市场的从业者准入门槛相对较高，其中大部分从业者均具备专业知识与技能，因此人们在金融市场参与过程中会向专业技术人员以及其他参与者学习，以加深对金融市场的了解，积累金融知识。例如，在金融知识的三个相关问题中，前两个问题涉及利率与通货膨胀的概念，尽管这两个金融基本概念对于金融专业学生以及从业者是最基础的概念之一，但大部分非金融专业的人却并不常接触。假设某个不懂这两个概念的受访者需要去银行存款或办理相关业务，那么他就极有可能通过银行业务办理或工作人员讲解接触到这两个概念，从而逐渐掌握这两个概念。因此，相比于其他不懂这两个概念的人，这位受访者就会通过参与银行金融服务而了解到金融基本概念，积累金融知识，提高金融素养。而大量心理学研究也证实了，体验式学习（experiential learning）会加深记忆力，使体验者印象更深刻（Kolb，2014）。其背后的原理在于，体验式学习所产生的记忆是以图片形式储存在大脑中，这种记忆相比于符号以及文字记忆更加生动形象，且在调取记忆时是以图片形式出现，故此类记忆会更加深刻。相关调查显示，大部分人在体验式学习后能记住 80%的内容（Coler et al.，2017）。

基于此，本书试图检验金融市场参与的学习效应渠道是否是提高金融知识水平的重要渠道。结合现有的微观调查数据，本书通过以下两个指标来检验金融市场参与的学习效应渠道。

首先，根据 CHFS 问卷中提供的受访者去银行的频率①，本书将其分为两组，分组标准为 15 天以内或 15 天以上去一次银行，并对每组进行二阶段回归。表 7-15 中（1）、（3）列回归结果表明，金融市场参与对金融知识的影响对去银行更加频繁的人正显著，而对去银行没那么频繁的人不显著。这也证实了金融市场参与的学习效应，即金融市场参与对金融知识的提高作用在参与金融市场更频繁的人群中更大。

表 7-15　影响渠道分析回归结果（去银行频率）

变量	去银行频率		去银行频率	
	15 天以内	超过 15 天	15 天以内	超过 15 天
	2SLS （1）	2SLS （2）	2SLS （3）	2SLS （4）
Account	2.424** （0.946）	0.289 （1.860）		
Fmkp			1.146** （0.489）	2.384 （2.460）
控制变量	是	是	是	是
家庭固定效应	是	是	是	是
样本量	6 038	17 462	6 038	17 462
R-squared	0.102	0.197	0.024	0.061
第一阶段回归结果				
非农人口占比	0.845*** （0.096）	1.322*** （0.386）	1.788*** （0.299）	0.161* （0.092）
F 值	77.47	11.72	35.75	3.06

注：***，** 和 * 分别表示在 1%，5%和 10%水平下显著。

---

① 由于此指标对应的样本量存在一定的缺失，导致表 7-15 中的总样本量小于前文。

其次，本书通过 CHFS 中使用银行服务种类的指标再次检验了金融市场参与的学习效应，即对使用不同种类银行服务的人是否也存在差异。表7-16 中（2）、（4）列的结果表明：相比于使用一种银行服务的人，使用两种及以上银行服务的人，其金融市场参与对金融知识的影响更大。这是因为使用更多种类银行服务的人，会有更多的时间以及机会体验到更为丰富的银行金融服务，获取金融知识的渠道相对也会更多。这也证明了，学习效应是金融市场参与影响金融知识的一个重要机制。

表 7-16　影响渠道分析回归结果（使用银行服务种类）

变量	使用银行服务种类		使用银行服务种类	
	一种	两种及以上	一种	两种及以上
	2SLS （1）	2SLS （2）	2SLS （3）	2SLS （4）
Account	6.912 （6.913）	2.868*** （0.315）		
Fmkp			5.780 （6.370）	4.079*** （1.057）
控制变量	是	是	是	是
家庭固定效应	是	是	是	是
样本量	16 938	12 650	16 938	12 650
R-squared	0.052	0.139	0.061	0.101
第一阶段回归结果				
非农人口占比	0.129*** （0.035）	0.174*** （0.054）	0.155** （0.072）	0.122*** （0.041）
F 值	13.58	10.38	4.63	8.85

注：***，** 和 * 分别表示在 1%，5%和 10%水平下显著。

7.5　本章小结

基于中国家庭金融调查 2013 年与 2015 年的数据，本章实证研究了金融市场对金融知识的溢出作用。首先本章从家庭金融包容与家庭风险资产持有情况这两个维度构造家庭金融市场参与的指标；随后，为了缓解内生性问题，本章利用在中国家庭金融调查两期面板数据上建立的固定效应模型以及构造的地区前一年非农人口占比工具变量进行估计。研究发现，更多的金融市场参与可以显著增加居民的金融知识水平。金融知识三个问题的分项回归结果与一系列稳健性检验也支持了两者间的正向因果性，异质性检验发现家庭金融市场参与对金融知识的促进作用在男性、年龄在50岁及以上、拥有城市户口、居住在东部的居民中更显著。基于此，本章的进一步机制分析表明，家庭金融市场参与对金融知识影响的促进作用来源于学习效应渠道，即家庭在参与金融市场后，会通过干中学，在此过程中更加了解金融市场并积累金融知识，提升金融素养。

本章的研究结果也具有重要的政策意义。中国家庭金融调查数据显示，我国家庭的金融知识水平普遍较低，而金融知识的缺乏也制约了家庭在金融市场中实现财富积累。基于此，政府应该进一步向民众普及金融知识。但是考虑到作为一个发展中国家，我国在短期内无法像发达国家一样大范围开展专项金融教育课程，并且此类课程的有效性至今仍存在争议。根据本章的研究结果，家庭参与到金融市场中会通过学习效应积累金融知识，即提高家庭的金融包容与金融市场参与度，在一定程度上也能缓解金融知识缺乏的现状，尤其对年纪大的人群，他们获取金融知识的渠道相对有限，故为此类人群提供定向金融服务，提高其金融包容比率也能帮助他们积累金融知识。这也是金融市场溢出效应的一种体现。

随着我国金融市场的不断发展，在中国经济由高速增长转向高质量发展的关键时期，政府应完善金融服务业态结构的构建，发展金融市场与普惠金融，提升家庭的金融可得性，为更多家庭参与金融市场提供便利，尤其是对农村和中西部地区，有关部门在制定政策时需要特别重视这些地区的金融可得性，例如通过增设ATM终端和金融网点延伸金融可及半径。这不仅有利于家庭以更低成本、更便捷的方式获取金融服务，也能使家庭在金融市场参与过程中积累金融知识，提高金融素养。

与此同时，随着越来越多的家庭更加积极地参与到金融市场中，监管部门也应该做好金融市场监管工作，例如对金融机构的设立、提供的金融产品和服务进行更精细化的监管，建设适应高质量发展的金融监管制度，不断提高金融服务水平。

8 结论与政策建议

8.1 结论

本书通过运用国内外主流的金融知识微观调查数据（中国家庭金融调查数据 2013—2017、中国家庭追踪调查 2014、中国城市居民消费金融调查 2012 与标普全球金融知识调查），首先研究了金融知识对家庭资产配置以及财富不平等的重要影响；其次从全球与国内视角分析了金融知识水平的国际与国内区域差异，并讨论了背后的原因；最后，结合我国实际情况，通过研究教育水平与金融市场参与对金融知识的影响，为如何提高我国居民的金融知识水平开辟了具有启发意义的新视角。本书的主要结论如下：

（1）金融知识水平对家庭金融行为的影响

基于 2015 年中国家庭金融调查数据，本书研究发现金融知识水平的提高可以显著提升家庭资产配置的效率，且这种效应对城市家庭更显著；在处理了可能存在的内生性问题后这一正向影响仍然显著。进一步地，本书结合 2012 年中国城市居民消费金融调查数据，从主观金融知识和客观金融知识的角度还发现，投资者缺乏对自身金融知识水平的准确认知也会影响其资产配置效率，当投资者对自身金融知识水平自信不足时，其资产配置有效性也会降低。

运用 2015 年中国家庭金融调查数据，本书研究发现金融知识能够显著促进家庭财富积累，这一效应在克服内生性问题后依然稳健，且对城市家庭、东部地区家庭更显著。进一步地，结合 2014 年中国家庭追踪调查数据发现，不同维度的金融知识对家庭财富积累的影响也呈现出明显差异，即基础金融知识对农村家庭财富水平影响更大，而高级金融知识对城市家庭财富水平影响更大。从资产选择的视角，本书还发现金融知识对家庭财富积累的影响主要通过促进家庭参与金融市场，增加风险资产配置的比例，构建分散化的资产配置以获得更多投资收益来实现。此外，金融知识分布的不平等也会影响家庭财富的不平等；夏普里值分解发现，金融知识对家庭财富不平等的贡献比率约22%，且对城市家庭财富不平等的解释力高于农村家庭。

（2）金融知识水平的现状：国际比较与国内现状

基于标普全球金融知识调查数据，本书通过构造金融知识的全球统一度量指标讨论了金融知识水平的国际差异。研究发现，在世界范围内，仅三分之一的成年受访者掌握了金融知识，且收入较高、受教育水平较高以及使用过金融服务的人，其金融知识水平也相对较高。我国的金融知识水平虽高于亚洲平均水平，但仍低于全球平均水平。无论在发达国家还是发展中国家，女性、老年人的金融知识水平均相对较低。进一步研究发现，这些差异可能来自国家之间的经济发展水平、教育水平、文化因素、法律体系和金融发展水平间的差异。与此同时，金融服务也被发现与金融知识水平呈显著的正相关关系。具体地，在账户与信用卡的持有者中，金融知识的掌握情况均不到50%。这说明，尽管金融服务对金融知识有溢出作用，但缺乏金融知识的账户持有者可能无法从其本该获得的金融服务中充分获益。

此外，在我国范围内，居民的金融知识水平也存在明显的区域差距，且东部地区明显高于中西部地区。这种差异很可能源于地区经济发展水平、教育水平、金融发展、法律环境、金融服务等方面的差异。因此，结合我国国情，后文从教育水平与金融市场、金融服务的角度进一步探究了如何提高我国居民的金融知识水平。

（3）如何提高我国居民的金融知识水平

基于2015年中国家庭金融调查数据，围绕我国《义务教育法》实施构造工具变量，本书研究发现了教育水平对金融知识水平的正向溢出效应，并且这种影响在不同的人群中具有异质性，具体体现在对没有上过财经类课程、平时较少关注经济类信息的人群，男性以及城市居民中更显著。进一步的机制研究表明，教育对金融知识影响的促进作用来源于认知能力渠道与社会资本积累渠道。也就是说，教育水平的提高会增强个体的认知能力和社会资本积累，进而增强个体金融信息的收集、分析与处理能力，从而促进个体的金融知识积累。

基于中国家庭金融调查 2013 年与 2015 年的数据，本书研究发现金融市场对居民的金融知识水平有显著的溢出效应，即更多的金融市场参与可以显著增加居民的金融知识，并且这种促进作用在纠正了内生性后仍显著存在。异质性检验发现家庭金融市场参与对金融知识的促进作用在男性、年龄在 50 岁及以上、拥有城市户口以及居住在东部的居民中更显著。基于此，进一步的机制分析表明，家庭金融市场参与对金融知识影响的促进作用来源于学习效应渠道，即家庭在参与金融市场后，会通过干中学，在此过程中更加了解金融市场并积累金融知识，增进金融福祉，推进共同富裕。

8.2 政策建议

基于上述研究发现，本书提出以下政策建议：

（1）出于保护投资者、提高投资有效性的目的，有关部门应当注重加强投资者教育并大力推进金融知识的普及工作。同时，可以积极借助飞速发展的互联网与新媒体等传播渠道，利用线上线下相结合的推广方式，推动金融知识的普及。一方面可以促进投资者金融知识水平的提高，这样有助于他们在参与金融市场时，构建分散化的投资组合，降低投资风险，同时提高风险市场盈利的概率；另一方面也可以在金融知识传播的过程中让投资者对自身金融知识水平有更为准确的认知，提高金融知识自信。

（2）政府可以通过多种渠道进一步普及金融知识，例如电视节目、广播、宣传册、培训类课程、讲座等。这将有效提高我国家庭的金融市场参与度，并有利于优化家庭的投资组合，从而有效提高我国居民家庭财富水平与金融福祉，改善社会福利。同时本书建议，政府在普及金融知识时，在城镇地区和农村地区应该各有侧重，即在城镇地区侧重高级金融知识的普及，而在农村地区侧重基础金融知识的普及。这也将有效降低我国家庭间的金融知识水平差距，缓解我国家庭财富不平等的现状。此外，为了更好地检验金融知识普及活动的效果，各地应建立有效的评估系统作为普及活动的配套设施。与此同时，金融知识普及活动的方向和力度也可根据评估系统反馈的结果适当地调整改进，以保证普及活动的效果。这有利于增加家庭金融市场参与深度，增进其金融福祉，推进共同富裕，并推动我国金融市场健康发展。

（3）考虑到作为一个发展中国家，我国在短期内无法像发达国家一样大范围开展金融教育课程，并且金融教育类课程的开展很可能会对现有课程存在挤出效应。因此，提高现有教育资源的质量与覆盖率也能提高居民的金融知识水平。也就是说，通过增加基础教育投资，推进义务教育向优质均衡发展，降低高中学费等费用，甚至将高中教育纳入义务教育体系，也有利于提高居民的受教育水平，进而提升居民金融知识水平。并且上述举措对短期内无法广泛开展金融教育课程的发展中国家同样具有重要的借鉴意义。

（4）考虑到金融市场对金融知识存在的溢出效应，家庭参与到金融市场中会通过学习效应积累金融知识，即家庭金融包容比率与金融市场参与度的提升也能缓解金融知识缺乏的现状。尤其对年纪大的人群，他们获取金融知识的渠道相对有限，故对此类人群提供定向金融服务，提高其金融包容比率也能帮助他们积累金融知识。

随着我国金融市场的不断发展，政府应进一步完善金融服务业态的构建，发展金融市场与普惠金融，提升家庭的金融可得性与金融包容比率，为更多家庭参与到金融市场中提供便利，尤其是对农村和中西部地区，有关部门在制定政策时需要特别重视这些地区的金融可得性，例如通过增设ATM终端和金融网点延伸金融可及半径。这不仅有利于家庭以更低成本、更便捷的方式获取金融服务，也能使家庭在金融市场参与过程中积累金融知识，提高金融素养。与此同时，随着越来越多的家庭更加积极地参与到金融市场中，监管部门也应该做好金融市场监管工作，例如对金融机构的设立、提供的金融产品和服务进行更精细化的监管，建设适应高质量发展的金融监管制度，不断提高金融服务水平。

（5）随着金融市场上产品的复杂化，金融知识的缺乏增加了消费者的金融风险。考虑到这些潜在风险，各国政策制定者应该关注到居民金融知识水平与金融市场消费者保护的问题。一个重要的举措就是将提高居民的金融知识上升到国家战略层面。例如，建立普及金融知识的执行机构，在全国范围内加强对金融市场参与者的金融教育，提高居民的金融知识水平，帮助家庭作出有效金融决策。此外，在教育预算充足的国家，推广金融教育（尤其在课程设置上注重结合参与者的金融市场参与体验），也能定向提高年轻人的金融知识水平。随着金融包容性在世界范围内不断扩大以及数字金融产品的迅猛发展，各国政府也应以保护消费者权益为出发点，提高居民的金融知识水平，帮助家庭增进金融福祉，推进共同富裕。

8.3 研究展望

本书深入研究了金融知识的重要性以及如何提高金融知识水平，并得到了一些有价值的研究发现。但由于数据等方面的限制，本书仍存在一些不足。因此，后续研究可从以下四个方面完善：

（1）受到数据可得性的限制，本书在研究金融知识对家庭资产配置有效性的影响时，运用的是国内目前唯一可得的微观调查数据。但由于该调查数据缺乏每个家庭详细的金融资产账户数据，故本书无法计算出具体的资产收益率，不得不以一种平均化的思路来计算家庭金融资产投资组合的夏普比率。因此，如果未来能得到家庭详细的资产账户数据或交易数据，后续研究可基于这些更好的微观数据进一步探究金融知识对家庭具体投资行为与资产持有情况的影响。

（2）本书在探究金融市场参与对金融知识的影响时，受到数据可得性的限制，没有找到与现有数据结构匹配的合适外生冲击来构造工具变量，不得不选择相对粗糙的识别策略，即运用地区前一年的非农人口占比作为工具变量。如果未来能够找到合适的外生冲击并以此来构造一个更好的识别策略，本书的内生性问题也会得到进一步的解决。

（3）由于国内的金融知识微观调查开展得相对较晚，且大多都是截面数据，目前能够形成可比面板数据的仅两期调查。因此，如果未来能够获得更多期的追踪调查数据，后续研究便可以进一步比较我国居民金融知识水平的纵向变化，并围绕这些变化展开更加细致深入的研究，深化对金融知识的认识。

（4）随着新技术在金融领域的广泛应用，后续研究也可以进一步探讨数字技术、社交媒体等新技术在金融知识传播过程中的作用和效应，这将为如何有效提高金融知识水平提供新的视角。

参考文献

柴时军，2017. 社会资本与家庭投资组合有效性 [J]. 中国经济问题 (4)：27-39.

陈钊，万广华，陆铭，2010. 行业间不平等：日益重要的城镇收入差距成因：基于回归方程的分解 [J]. 中国社会科学 (3)：65-76.

陈彦斌，2008. 中国城乡财富分布的比较分析 [J]. 金融研究 (12)：87-100.

陈彦斌，霍震，陈军，2009. 灾难风险与中国城镇居民财产分布 [J]. 经济研究 (11)：144-158.

陈彦斌，陈伟泽，陈军，等，2013. 中国通货膨胀对财产不平等的影响 [J]. 经济研究 (8)：4-15.

杜朝运，丁超，2016. 基于夏普比率的家庭金融资产配置有效性研究：来自中国家庭金融调查的证据 [J]. 经济与管理研究，37 (8)：52-59.

樊纲，王小鲁，胡李鹏，2019. 中国分省份市场化指数报告 (2018) [M]. 北京：社会科学文献出版社.

甘犁，尹志超，贾男，等，2013. 中国家庭资产状况及住房需求分析 [J]. 金融研究 (4)：1-14.

何金财，王文春，2016. 关系与中国家庭财产差距：基于回归的夏普里值分解分析 [J]. 中国农村经济 (5)：29-42.

胡振，王亚平，石宝峰，2018. 金融素养会影响家庭金融资产组合多样性吗？[J]. 投资研究，37 (3)：78-91.

孔丹凤，吉野直行，2010. 中国家庭部门流量金融资产配置行为分析 [J]. 金融研究 (3)：24-33.

李实，1999. 中国农村劳动力流动与收入增长和分配 [J]. 中国社会科学 (2)：16-33.

陆铭，陈钊，2004. 城市化、城市倾向的经济政策与城乡收入差距

[J]. 经济研究 (6): 50-58.

李建新，任强，吴琼，2015. 中国民生发展报告 (2015) [M]. 北京：北京大学出版社.

李实，魏众，丁赛，2005. 中国居民财产分布不均等及其原因的经验分析 [J]. 经济研究 (6): 4-15.

李涛，陈斌开，2014. 家庭固定资产、财富效应与居民消费：来自中国城镇家庭的经验证据 [J]. 经济研究 (3): 62-75.

李雅君，李志冰，董俊华，等，2015. 风险态度对中国家庭投资分散化的影响研究 [J]. 财贸经济 (7): 150-160.

李哲佩，2019. 金融知识对家庭财富积累和分布的影响研究 [D]. 武汉：武汉大学.

梁平汉，江鸿泽，2020. 金融可得性与互联网金融风险防范：基于网络传销案件的实证分析 [J]. 中国工业经济 (4): 116-134.

梁运文，霍震，刘凯，2010. 中国城乡居民财产分布的实证研究 [J]. 经济研究 (10): 33-47.

廖理，初众，张伟强，2019. 中国居民金融素养差异性的测度实证 [J]. 数量经济技术经济研究 (1): 96-112.

孟亦佳，2014. 认知能力与家庭资产选择 [J]. 经济研究 (S1): 132-142.

宁光杰，2014. 居民财产性收入差距：能力差异还是制度阻碍?：来自中国家庭金融调查的证据 [J]. 经济研究，49 (S1): 102-115.

秦芳，王文春，何金财，2016. 金融知识对商业保险参与的影响：来自中国家庭金融调查 (CHFS) 数据的实证分析 [J]. 金融研究 (10): 143-158.

秦丽，2007. 利率自由化背景下我国居民金融资产结构的选择 [J]. 财经科学 (4): 15-21.

饶为民，王三兴，2010. 中国股市的周期性波动与价值投资操作策略总结 [J]. 财政研究 (11): 31-35.

宋敏，甘煦，周洋，2021. 教育与居民金融知识水平：来自中国家庭金融调查数据的证据 [J]. 北京工商大学学报 (社会科学版)，36 (2): 80-91.

宋全云，吴雨，尹志超，2017. 金融知识视角下的家庭信贷行为研究

[J]. 金融研究 (6): 95-110.

王磊，原鹏飞，王康，2016. 是什么影响了中国城镇居民家庭的住房财产持有：兼论不同财富阶层的差异 [J]. 统计研究，33 (12): 44-57.

王月升，杜朝运，丁超，2016. 金融市场发展与家庭金融资产配置效率 [J]. 亚太经济 (5): 35-41.

王正位，邓颖惠，廖理，2016. 知识改变命运：金融知识与微观收入流动性 [J]. 金融研究 (12): 111-127.

吴锟，吴卫星，2017. 理财建议可以作为金融素养的替代吗? [J]. 金融研究 (8): 161-176.

吴锟，吴卫星，2018. 金融素养对居民信用卡使用的影响 [J]. 北京工商大学学报 (社会科学版) (4): 84-95.

吴卫星，丘艳春，张琳琬，2015. 中国居民家庭投资组合有效性：基于夏普率的研究 [J]. 世界经济，38 (1): 154-172.

吴卫星，邵旭方，陶利斌，2016. 家庭财富不平等会自我放大吗?：基于家庭财务杠杆的分析 [J]. 管理世界 (9): 44-54.

吴卫星，吴锟，沈涛，2016. 自我效能会影响居民家庭资产组合的多样性吗 [J]. 财经科学 (2): 14-23.

吴卫星，吴锟，王琎，2018. 金融素养与家庭负债：基于中国居民家庭微观调查数据的分析 [J]. 经济研究 (1): 97-109.

吴卫星，吴锟，张旭阳，2018. 金融素养与家庭资产组合有效性 [J]. 国际金融研究 (5): 66-75.

吴卫星，张旭阳，吴锟，2019. 金融素养对家庭负债行为的影响：基于家庭贷款异质性的分析 [J]. 财经问题研究 (5): 57-65.

吴晓怡，邵军，2016. 经济集聚与制造业工资不平等：基于历史工具变量的研究 [J]. 世界经济 (4): 120-144.

吴雨，彭嫦燕，尹志超，2016. 金融知识、财富积累和家庭资产结构 [J]. 当代经济科学，38 (4): 19-29，124-125.

吴雨，杨超，尹志超，2017. 金融知识、养老计划与家庭保险决策 [J]. 经济学动态 (12): 86-98.

吴雨，李晓，李洁，等，2021. 数字金融发展与家庭金融资产组合有效性 [J]. 管理世界 (7): 92-104，7.

巫锡炜，2011. 中国城镇家庭户收入和财产不平等：1995~2002 [J].

人口研究，35（6）：13-26.

肖争艳，刘凯，2012. 中国城镇家庭财产水平研究：基于行为的视角［J］. 经济研究（4）：28-39.

徐梅，宁薛平，2014. 居民家庭金融资产风险与宏观经济波动的协动性关系研究：基于 GARCH-M 模型的风险度量方法［J］. 统计与信息论坛，29（1）：21-25.

尹志超，仇化，2019. 金融知识对互联网金融参与重要吗［J］. 财贸经济，40（6）：70-84.

尹志超，宋全云，吴雨，2014. 金融知识、投资经验与家庭资产选择［J］. 经济研究（4）：62-75.

尹志超，宋全云，吴雨，等，2015. 金融知识、创业决策和创业动机［J］. 管理世界（1）：87-98.

尹志超，吴雨，甘犁，2015. 金融可得性、金融市场参与和家庭资产选择［J］. 经济研究，50（3）：87-99.

尹志超，岳鹏鹏，陈悉榕，2019. 金融市场参与，风险异质性与家庭幸福［J］. 金融研究，466（4）：168-187.

尹志超，张号栋，2017. 金融知识和中国家庭财富差距：来自 CHFS 数据的证据［J］. 国际金融研究（10）：76-86.

曾志耕，何青，吴雨，等，2015. 金融知识与家庭投资组合多样性［J］. 经济学家（6）：86-94.

赵鹏，曾剑云，2008. 我国股市周期性破灭型投机泡沫实证研究：基于马尔可夫区制转换方法［J］. 金融研究（4）：174-187.

赵剑治. 2009. 关系对农村收入差距的贡献及其地区差异［D］. 上海：复旦大学.

赵人伟，2007. 我国居民收入分配和财产分布问题分析［J］. 当代财经（7）：5-11.

赵西亮，2017. 教育、户籍转换与城乡教育收益率差异［J］. 经济研究（12）：164-178.

张号栋，尹志超，2016. 金融知识和中国家庭的金融排斥：基于 CHFS 数据的实证研究［J］. 金融研究（7）：80-95.

张龙耀，李超伟，王睿，2021. 金融知识与农户数字金融行为响应：来自四省农户调查的微观证据［J］. 中国农村经济（5）：83-101.

张军，金煜，2005. 中国的金融深化和生产率关系的再检测：1987—2001［J］. 经济研究（11）：34-45.

郑志刚，邓贺斐，2010. 法律环境差异和区域金融发展：金融发展决定因素基于我国省级面板数据的考察［J］. 管理世界（6）：14-27，187.

周洋，刘学瑾，2017. 认知能力与家庭创业：基于中国家庭追踪调查（CFPS）数据的实证分［J］. 经济学动态（2）：1-10.

ABREU M, MENDES V, 2010. Financial literacy and portfolio diversification [J]. Quantitative finance, 10 (5): 515-528.

AGNEW J R, SZYKMAN L R, 2005. Asset allocation and information overload: the influence of information display, asset choice, and investor experience [J]. Journal of behavioral finance, 6 (2): 57-70.

AHMED J, BARBER B M, ODEAN T, 2018. Made poorer by choice: worker outcomes in social security vs. private retirement accounts [J]. Journal of banking & finance, 92: 311-322.

ALLEN F, DEMIRGUC-KUNT A, KLAPPER L, et al., 2016. The foundations of financial inclusion: understanding ownership and use of formal accounts [J]. Journal of financial intermediation, 27: 1-30.

ALLEN F, CARLETTI E, GU X, 2008. The roles of banks in financial systems [J]. Oxford handbook of banking, 32-57.

AMERIKS J, CAPLIN A, LEAHY J, 2002. Wealth accumulation and the propensity to plan [J]. NBER working papers, 118 (3), 1007-1047.

ANZ, 2008. ANZ survey of adult financial literacy in Australia[EB/OL]. (2012-06-04)[2021-04-30].www.anz.com/Documents/AU/Aboutanz/AN_5654_Adult_Fin_Lit_Report_08_Web_Report_full.pdf.

ATKINSON A, MCKAY S, KEMPSON E, et al., 2006. Levels of financial capability in the UK: results of a baseline survey. Financial services authority consumer research paper 47[EB/OL].(2012-06-04)[2021-04-30]. http://www.fsa.gov.uk/pubs/consumer-research/crpr47. pdf.

BANKS J, MAZZONNA F, 2012. The effect of education on old age cognitive abilities: evidence from a regression discontinuity design [J]. The economic journal, 122 (560): 418-448.

BARTLETT M S, 1937. Properties of sufficiency and statistical tests [J].

Proceedings of the royal statistical society, 160 (901): 268-282.

BAYER P J, BERNHEIM B D, SCHOLZ J K , 2009. The effects of financial education in the workplace: evidence from a survey of employers [J]. Economic inquiry, 47 (4): 605-624.

BEAL D, DELPACHITRA S B, 2003. Financial literacy among Australian university students [J]. Economic papers, 22: 65-78.

BECK T, DEMIRGÜÇ-KUNT A, LEVINE R, 2016. A new database on financial development and structure [M]. SSRN.

BEHRMAN J R, MITCHELL O S, SOO C K, et al., 2012. Financial literacy, schooling and wealth accumulation [J]. American economic review papers and proceedings, 102: 300-304.

BENHABIB J, BISIN A, ZHU S, 2011. The distribution of wealth and fiscal policy in economies with finitely lived agents [J]. Econometrica, 79 (1): 123-157.

BERNHEIM B, GARRETT D, MAKI D, 2001. Education and saving: the long-term effects of high school financial curriculum mandates [J]. Journal of public economics, 80: 435-465.

BERNHEIM B, GARRETT D, 2003. The Effects of financial education in the workplace: evidence from a survey of households [J]. Journal of public economics, 87: 1487-1519.

BERNHEIM B D, SKINNER J, WEINBERG S, 2001. What accounts for the variation in retirement wealth among U. S. households? [J]. American economic review, 91 (4): 832-857.

BORDEN L, LEE S, SERIDO J, et al., 2008. Changing college students' financial knowledge, attitudes, and behavior through seminar participation [J]. Journal of family and economic issues, 29: 23-40.

BOWEN C, 2003. Financial knowledge of teens and their parents [J]. Journal of financial counseling and planning, 13: 93-102.

BRADLEY D, HIRAD A, PERRY V G, et al., 2001. Is experience the best teacher? The relationship between financial knowledge, financial behavior, and financial outcomes [C] //paper submitted to the Rodney L. White center for financial research, University of Pennsylvania, Workshop on household financial decision making.

BRAGGION F, DWARKASING M, ONGENA S, 2021. Household inequality, entrepreneurial dynamism, and corporate financing [J]. The review of financial studies, 34 (5): 2448–2507.

BRAUNSTEIN S, WELCH C, 2002. Financial literacy: an overview of practice, research and policy [J]. Federal reserve bulletin , 11: 445–457.

BROWN M, GRIGSBY J, VAN DER KLAAUW W, et al., 2016. Financial education and the debt behavior of the young [J]. The review of financial studies, 29 (9): 2490–2522.

BROWN M, GUIN B, KIRSCHENMANN K, 2016. Microfinance banks and financial inclusion [J]. Review of finance, 20 (3): 907–946.

BROWN M, HENCHOZ C, SPYCHER T, 2018. Culture and financial literacy: evidence from a within–country language border [J]. Journal of economic behavior & organization, 150: 62–85.

BUCHERKOENENT, LUSARDI A, 2011. Financial literacy and retirement planning in Germany [J]. Journal of pensions economics and finance, 10: 565–584.

BUCHERKOENEN T, ZIEGELMEYER M, 2014. Once burned, twice shy? Financial literacy and wealth losses during the financial crisis [J]. Review of finance, 18 (6): 2215–2246.

CASTANEDA A, DIAZ–GIMENEZ J, RIOS–RULL J V, 2003. Accounting for the US earnings and wealth inequality [J]. Journal of political economy, 111 (4): 818–857.

CAGETTI M, DE NARDI M, 2006. Entrepreneurship, frictions, and wealth [J]. Journal of political economy, 114 (5): 835–870.

CÉLERIER C, MATRAY A, 2019. Bank–branch supply, financial inclusion, and wealth accumulation [J]. The review of financial studies, 32 (12): 4767–4809.

CHEN H, VOLPE R P, 2002. Gender differences in personal financial literacy among college students [J]. Financial services review, 11: 289–307.

CHEN M K, 2013. The effect of language on economic behavior: evidence from savings rates, health behaviors, and retirement assets [J]. American economic review, 103: 690-731.

CHOI JJ, LAIBSON D, MADRIAN B C, et al., 2005. Saving for retirement on the path of least resistance [J]. Rodney l white center for financial research-working papers, 9.

CHRISTELIS D, GEORGARAKOS D, HALIASSOS M, 2013. Differences in portfolios across countries: economic environment versus household characteristics [J]. The review of economics and statistics, 95 (1): 220-236.

CHRISTELIS D, JAPPELLI T, PADULA M, 2010. Cognitive abilities and portfolio choice [J]. European economic review, 54: 18-39.

CHU Z, WANG Z, XIAO J J, et al., 2016. Financial literacy, portfolio choice and financial well-being [J]. Social indicators research, 132 (2): 799-820.

COCCO J F, 2005. Portfolio choice in the presence of housing [J]. The review of financial studies, 18 (2): 535-567.

COCCO J F, GOMES F J, MAENHOUT P J, 2005. Consumption and portfolio choice over the life cycle [J]. The review of financial studies, 18 (2): 491-533.

COKER J S, HEISER E, TAYLOR L, et al., 2017. Impacts of experiential learning depth and breadth on student outcomes [J]. Journal of experiential education, 40 (1): 5-23.

COLE S, PAULSON A, SHASTRY G K, 2014. Smart money? The effect of education on financial outcomes [J]. The review of financial studies, 27 (7): 2022-2051.

COLE S, PAULSON A, SHASTRY G K, 2016. High school curriculum and financial outcomes: the impact of mandated personal finance and mathematics courses [J]. Journal of human resources, 51 (3): 656-698.

COURCHANE M, ZORN P, 2005. Consumer literacy and credit worthiness. Presented at federal reserve system conference, promises and pitfalls: as consumer options multiply, who is being served and at what cost? [R]. (2005-04-07) [2021-04-30], Washington, DC.

CUDE B, LAWRENCE F, LYONS A, et al., 2006. College students and financial literacy: What they know and what we need to learn [J]. Proceedings of the eastern family economics and resource management association, 102 (9): 106-109.

CUPÁK A, FESSLER P, SCHNEEBAUM A, et al., 2018. Decomposing gender gaps in financial literacy: new international evidence [J]. Economics letters, 168: 102-106.

CUPÁK A, FESSLER P, SILGONER M, et al., 2021. Exploring differences in financial literacy across countries: the role of individual characteristics and institutions [J]. Social indicators research, 1-30.

CURCURU S, HEATON J, LUCAS D, et al., 2005. Heterogeneity and portfolio choice: theory and evidence [M]. In handbook of financial econometrics, North-Holland: Amsterdam.

DANES S, HABERMAN H, 2007. Teen financial knowledge, self-efficacy, and behavior: a gender view [J]. Journal of financial counseling and planning, 18: 48-60.

DELAVANDE A, ROHWEDDER S, WILLIS R J, 2008. Preparation for retirement, financial literacy and cognitive resources [J]. Michigan retirement research center research paper, 190.

DEMIRGÜÇ-KUNT A, KLAPPER L F, SINGER D, et al., 2015. The global findex database 2014: measuring financial inclusion around the world [J]. World bank policy research working paper, 7255.

DE NARDI M, 2004. Wealth inequality and intergenerational links [J]. The review of economic studies, 71 (3): 743-768.

DISNEY R, GATHERGOOD J, 2013. Financial literacy and consumer credit portfolios [J]. Journal of banking & finance, 37 (7): 2246-2254.

DOHMEN T, FALK A, HUFFMAN D, et al., 2010. Are risk aversion and impatience related to cognitive ability [J]. American economic review, 100 (3): 1238-1260.

DUFLO E, SAEZ E, 2003. The Role of Information and social interactions in retirement plan decisions: evidence from a randomized experiment [J]. The quarterly journal of economics, 118: 815-842.

ELLIEHAUSEN G, LUNDQUIST C, STATEN M, 2003. The impact of credit counseling on subsequent borrower behavior [J]. Journal of consumer affairs, 41: 1-28.

FANG H, GU Q, XIONG W, et al., 2016. Demystifying the Chinese housing boom [J]. NBER macroeconomics annual, 30 (1): 105-166.

ATKINSON A., MCKAY S., COLLARD S., et al., 2007. Levels of financial capability in the UK [J]. Public money and management, 27 (1): 29-36.

FINKE M S, HOWE J S, HUSTON S J, 2017. Old age and the decline in financial literacy [J]. Management science, 63 (1): 213-230.

FLAVIN M, YAMASHITA T, 2002. Owner-occupied housing and the composition of the household portfolio over life cycle [J]. American economic review, 92 (1): 345-362.

FORNEROE, MONTICONE C, 2011. Financial literacy and pension plan participation in Italy [J]. Journal of pension economics & finance, 10 (4): 547-564.

FRIJNS B, GILBERT A, TOURANI-RAD A, 2014. Learning by doing: The role of financial experience in financial literacy [J]. Journal of public policy, 123-154.

GAN X, SONG, FRANK M, et al., 2022. Language skills and stock market participation: evidence from immigrants [J]. Journal of financial and quantitative analysis, 57 (8): 3281-3312.

GATHERGOOD J, WEBER J, 2017. Financial literacy: a barrier to home ownership for the young? [J]. Journal of urban economics, 99 (C): 62-78.

GERARDI K, GOETTE L, MEIER S, 2013. Numerical ability predicts mortgage default [J]. Proceedings of the national academy of sciences, 110: 11267-11271.

GOETZMANN W N, KUMAR A, 2008. Equity portfolio diversification [J]. Review of finance, 12 (3): 433-463.

GOURIÉROUX C, JOUNEAU F, 1999. Econometrics of efficient fitted portfolios [J]. Journal of empirical finance, 6 (1): 87-118.

GREENSPAN A, 2003. The importance of financial and economic education and literacy [J]. Social education, 67: 70-72.

GRINBLATT M, KELOHARJU M, LINNAINMAA J, 2011. IQ and stock

market participation [J]. The journal of finance, 66 (6): 2121-2164.

GROHMANN A, KLÜHS T, MENKHOFF L, 2018. Does financial literacy improve financial inclusion? Cross country evidence [J]. World development, 111: 84-96.

GROHMANN A, KOUWENBERG R, MENKHOFF L, 2015. Childhood roots of financial literacy [J]. Journal of economic psychology, 51: 114-133.

GRUBER J, HUNGERMAN D, 2008. The church vs. the mall: what happens when religion faces increased secular participation? [J]. The quarterly journal of economics, 123 (2): 831-862.

GUISO L, JAPPELLI T, 2008. Financial literacy and portfolio diversification [J]. Quantitative finance, 10 (5): 515-528.

GUISO L, HALIASSOS M, JAPPELLI T, 2002. Household portfolios [M]. MIT Press: cambridge, MA.

GUISO L, SAPIENZA P, ZINGALES L, 2004. Does local financial development matter? [J]. The quarterly journal of economics, 119 (3): 929-969.

HALIASSOS M, JANSSON T, KARABULUT Y, 2020. Financial literacy externalities [J]. The review of financial studies, 33 (2): 950-989.

HASLER A, LUSARDI A, OGGERO N, 2018. Financial fragility in the US: evidence and implications [J]. Global financial literacy excellence center, The George Washington university school of business: Washington, DC, 478.

HASTINGS J, TEJEDA-ASHTON L, 2008. Financial literacy, information, and demand elasticity: survey and experimental evidence from Mexico [R]. NBER working paper No. 14538.

HASTINGS J, MITCHELL O S, 2020. How financial literacy and impatience shape retirement wealth and investment behaviors [J]. Journal of pension economics & finance, 19 (1): 1-20.

HASTINGS J, MITCHELL O S, CHYN E, 2011. Fees, framing, and financial literacy in the choice of pension manager. In O. S. Mitchell & A. Lusardi (Eds.), financial literacy: implications for retirement security and the financial marketplace [M]. Oxford, U. K.: oxford university press, 101-115.

HAUSMAN J, STOCK J H, YOGO M, 2005. Asymptotic properties of the Hahn-Hausman test for weak-instruments [J]. Economics letters, 89 (3):

333-342.

HERD P, HOLDEN K, SU Y T, 2012. The links between early-life cognition and schooling and late-life financial knowledge [J]. Journal of consumer affairs, 46 (3): 411-435.

HILGERT M, HOGARTH J, BEVERLY S, 2003. Household financial management: the connection between knowledge and behavior [J]. Federal reserve bulletin 89: 309-322.

HIRAD A, ZORN P M, 2001. A little knowledge is a good thing: Empirical evidence of the effectiveness of pre-purchase homeownership counseling [M]. Cambridge, MA: Joint center for housing studies of Harvard university.

HOFSTEDE G, 2001. Culture's consequences: comparing values, behaviors, institutions, and organizations across nations [M]. Thousand Oaks, CA: Sage.

HONG H, KUBIK J D, STEIN J C, 2004. Social interaction and stock market participation [J]. The journal of finance, 59 (1): 137-163.

HUANG J, VAN DEN BRINK H M, GROOT W, 2009. A meta-analysis of the effect of education on social capital [J]. Economics of education review, 28 (4): 454-464.

HUANG W, ZHOU Y, 2013. Effects of education on cognition at older ages: evidence from China's Great Famine [J]. Social science & medicine, 98: 54-62.

IMBENS G, ANGRIST J, 1994. Identification and estimation of local average treatment effects [J]. Econometrica, 62 (2): 467-475.

JAPPELLI T, PADULA M, 2013. Investment in financial literacy and saving decisions [J]. Journal of banking & finance, 37: 2779-2792.

JULIE R A, LISA R S, 2005. Asset allocation and information overload: the influence of information display, asset choice, and investor experience [J]. Journal of behavioral finance, 6 (2): 57-70.

KEMPSON E, 2009. Framework for the development of financial literacy baseline surveys: A first international comparative analysis [J].

KIRCHNER U, ZUNCKEL C, 2011. Measuring portfolio diversification [J]. Arxiv preprint arxiv, 1102, 4722.

KLAPPER L, LUSARDI A, PANOS G A, 2013. Financial literacy and its consequences: evidence from Russia during the financial crisis [J]. Journal of banking & finance. 37 (10): 3904-3923.

KLAPPERL, EL-ZOGHBI M, HESS J, 2016. Achieving the sustainable development goals [J]. The role of financial inclusion, 23 (5): 2016.

KLAPPER L, LUSARDI A, 2020. Financial literacy and financial resilience: evidence from around the world [J]. Financial management, 49 (3): 589-614.

KOLB D A, 2014. Experiential learning: experience as the source of learning and development [M]. FT Press.

LA PORTA R, LOPEZ-DE-SILANES F, SHLEIFER A, et al., 1997. Legal determinants of external finance [J]. The Journal of finance, 52 (3): 1131-1150.

LACHANCE M E, 2014. Financial literacy and neighborhood effects [J]. Journal of consumer affairs, 48 (2): 251-273.

LEVINE R, LIN C, XIE W, 2020. The African slave trade and modern household finance [J]. The economic journal, 130 (630): 1817-1841.

LI, G, 2014. Information sharing and stock market participation: evidence from extended families [J]. The review of economics and statistics, 96 (1): 151-160.

LIANG, PING H, GUO S H, 2015. Social interaction, internet access and stock market participation—an empirical study in China [J]. Journal of comparative economics, 43 (4): 883-901.

LIANG Y H, DONG Z Y, 2019. Has education led to secularization? Based on the study of compulsory education law in China [J]. China economic review, 54: 324-336.

LIEBER E M, SKIMMYHORN W, 2018. Peer effects in financial decision-making [J]. Journal of public economics, 163: 37-59.

LU W, NIU G, ZHOU Y, 2021. Individualism and financial inclusion [J]. Journal of economic behavior & organization, 183: 268-288.

LÜHRMANN M, SERRA-GARCIA M, WINTER J, 2015. Teaching teenagers in finance: does it work? [J]. Journal of banking & finance, 54: 160-

174.

LUSARDI A, 2008. Household saving behaviour: financial literacy, information and financial education programs [R]. NBER working paper 13824, Cambridge, MA.

LUSARDI A, DE BASSA SCHERESBERG C, 2013. Financial literacy and high-cost borrowing in the United States [R]. NBER working paper No. 18969.

LUSARDI A, MITCHELL O S, 2007. Baby boomer retirement security: The roles of planning, financial literacy, and housing wealth [J]. Journal of monetary economics, 54 (1): 205-224.

LUSARDI A, MITCHELL O S, 2008. Planning and financial literacy: How do women fare? [J]. American economic review-paper and proceedings, 98: 413-417.

LUSARDI A, MITCHELL O S, 2017. How ordinary consumers make complex economic decisions: financial literacy and retirement readiness [J]. Quarterly journal of finance, 7 (03): 1750008.

LUSARDI A, MITCHELL O S, CURTO V, 2010. Financial literacy among the young [J]. Journal of consumer affairs, 44 (2): 358-380.

LUSARDI A, MITCHELL O S, 2011. Financial literacy and retirement planning in the united States [J]. Journal of pension economics & finance, 10 (4): 509-525.

LUSARDI A, MITCHELL O S, 2014. The economic importance of financial literacy: theory and evidence [J]. Journal of economic literature, 52: 5-44.

LUSARDI A, MICHAUD P C, MITCHELL O S, 2017. Optimal financial knowledge and wealth inequality [J]. Journal of political economy, 125: 431-477.

LUSARDI A, TUFANO P, 2015. Debt literacy, financial experiences, and overindebtedness [J]. Journal of pension economics & finance, 14 (4): 332-368.

LYONS A, PALMER L, JAYARATNE K, et al., 2006. Are we making the grade? A national overview of financial education and program evaluation

[J]. Journal of consumer affairs, 40: 208-235.

MA M, 2019. Does children's education matter for parents' health and cognition? Evidence from China [J]. Journal of health economics, 66: 222-240.

MADRIAN B, SHEA D, 2001. Preaching to the converted and converting those taught: financial education in the workplace [R]. Working paper, university of Chicago, Chicago.

MANDELL L, 2008. The financial literacy of young American adults [J]. The jumpstart coalition for personal financial literacy, 163-183.

MANDELL L, KLEIN L, 2009. The impact of financial literacy education on subsequent financial behaviour [J]. Journal of financial counseling and planning, 20: 15-24.

MARKOWITZ H M, 1952. Portfolio selection [J]. The journal of finance, 7 (1): 77-91.

MASSA M, SIMONOV A, 2006. Hedging, familiarity and portfolio choice [J]. The review of financial studies, 19: 633-685.

MENCHIK P L, 1980. Primogeniture, equal sharing, and the U.S. Distribution of wealth [J]. The quarterly journal of economics, 94 (2): 299-316.

MENG X, 2007. Wealth accumulation and distribution in urban China [J]. Economic development & cultural change, 55 (4): 761-791.

MITCHELL O S, LUSARDI A, 2011. Financial literacy: implications for retirement security and the financial marketplace [M]. Oxford university press.

MOORE D L, 2003. Survey of financial literacy in Washington State: Knowledge, behavior, attitudes, and experiences [M]. Washington State Department of Financial Institutions.

NARDI M D, 2004. Wealth inequality and intergenerational links [J]. The review of economic studies, 71 (3): 743-768.

NIU G, ZHOU Y, GAN H, 2020. Financial literacy and retirement preparation in China [J]. Pacific-basin finance journal, 101262.

NOCTOR M, STONEY S, 1992. Stradling R. Financial literacy: a discussion of concepts and competences of financial literacy and opportunities for its introduction into young people's learning [R]. National foundation for educational research, London.

OECD, 2005. Improving financial literacy: analysis of issues and policies [R]. Paris: OECD publishing.

OECD, 2014. PISA 2012 results in focus: what 15-year-olds know and what they can do with what they know [R]. Paris, France: OECD.

OSILI U O, PAULSON A L, 2008. Institutions and financial development: evidence from international migrants in the United States [J]. The review of economics and statistics, 90 (3): 498-517.

PELIZZON L, WEBER G, 2008. Are household portfolios efficient? An analysis conditional on housing [J]. The journal of financial and quantitative analysis, 43 (2): 401-431.

PELIZZON L, WEBER G, 2009. Efficient portfolios when housing needs change over the life cycle [J]. Journal of banking and finance, 33 (11): 2110-2121.

PORTA R L, LOPEZ-DE-SILANES F, SHLEIFER A, et al., 1998. Law and finance [J]. Journal of political economy, 106 (6): 1113-1155.

SAEZ E, ZUCMAN G, 2016. Wealth inequality in the United States since 1913: evidence from capitalized income tax data [J]. The quarterly journal of economics, 131 (2): 519-578.

SCHAGEN S, LINES A, 1996. Financial literacy in adult life: a report to the natwest group charitable trust [M]. NFER.

SCHUCHARDT J, HANNA S, HIRA T, et al., 2009. Financial literacy and education research priorities [J]. Journal of financial counseling and planning, 20: 84-95.

SERU A, SHUMWAY T, STOFFMAN N, 2010. Learning by trading [J]. The review of financial studies, 23: 705-739.

SHERRADEN M, JOHNSON L, ELLIOT W, et al., 2007. School-based children's saving accounts for college: the i can save program [J]. Children and youth services review, 29: 294-312.

STANGO V, ZINMAN J, 2009. Exponential growth bias and household finance [J]. The journal of finance, 64: 2807-2849.

STEPHENS M, YANG D, 2014. Compulsory education and the benefits of schooling [J]. American economic review, 104 (6): 1777-1792.

STOCK J H, YOGO M, 2002. Testing for weak instruments in linear IV regression [J]. NBER technical working papers, 14 (1): 80-108.

TENNYSON S, NGUYEN C, 2001. State curriculum mandates and student knowledge of personal finance [J]. Journal of consumer affairs, 35 (2): 241-262.

TOWNSEND R M, UEDA K, 2003. Financial deepening, inequality, and growth. IMF working papers. - 2006, financial deepening, inequality, and growth: a model-based quantitative evaluation [J]. The review of economic studies, 73 (1): 251-293.

TRAN V T, WALLE Y M, HERWARTZ H, 2018. Local financial development and household welfare in Vietnam: evidence from a panel survey [J]. The journal of development studies, 54 (4): 619-640.

U. S. President's advisory council on financial literacy, 2008. 2008 annual report to the president[EB/OL].(2012-06-04)[2021-04-30].http://www.jumpstart.org/assets/files/PACFL_ANNUAL_REPORT_1-16-09. pdf.

VAN ROOIJ M, LUSARDI A, ALESSIE R, 2011. Financial literacy and stock market participation [J]. Journal of financial economics, 101 (2): 449-472.

VAN ROOIJ M, LUSARDI A, ALESSIE R, 2012. Financial literacy, retirement planning, and household wealth [J]. The economic journal, 122 (560): 449-478.

ANDERSON C, KENT J, LYTER D M, et al, 2000. Personal finance and the rush to competence: financial literacy education in the US [J]. Journal of family and consumer sciences, 107 (2): 1-18.

WANG H, ZHANG D, GUARIGLIA A, et al., 2021. "Growing out of the growing pain": financial literacy and life insurance demand in China [J]. Pacific-basin finance journal, 66: 101459.

WORTHINGTON A, 2004. The distribution of financial literacy in Australia [C]. Working Paper No. 185. Queensland university of technology.

WORTHINGTON A, 2006. Predicting financial literacy in Australia [J]. Financial services review, 15: 59-79.

WIDDOWSON D, HAILWOOD K, 2007. Financial literacy and its role in promoting a sound financial system [J]. Reserve bank of New Zealand bulletin, 70: 37-47.

WEINER R, BARON-DONOVAN C, GROSS K, et al., 2005. Debtor education, financial literacy and pending bankruptcy education [J]. Behavioural sciences and the law, 23: 347-366.

XIA T, WANG Z, LI K, 2014. Financial literacy overconfidence and stock market participation [J]. Social indicators research, 119 (3): 1233-1245.

YOONG J, 2011. Financial illiteracy and stock market participation: evidence from the RAND American Life Panel [J]. Financial literacy: implications for retirement security and the financial marketplace, 76: 39.

ZHANG C, 2019. Family support or social support? The role of clan culture [J]. Journal of population economics, 32 (2): 529-549.

附　录

附录 A　CHFS 中金融知识的测度问题

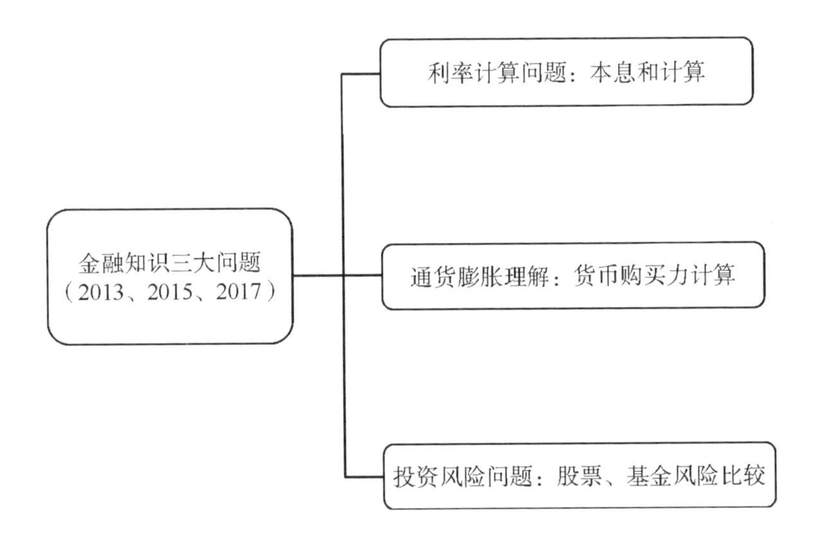

注释：

利率计算问题：已知本金与银行的年利率，计算几年后的本息和。

通货膨胀理解：已知本金、银行的年利率与年通货膨胀率，比较今天与一年后的货币购买力。

投资风险问题：比较单独购买一只股票与一只股票基金的风险大小。

附录 B　中国城市居民消费金融调查的金融知识问题

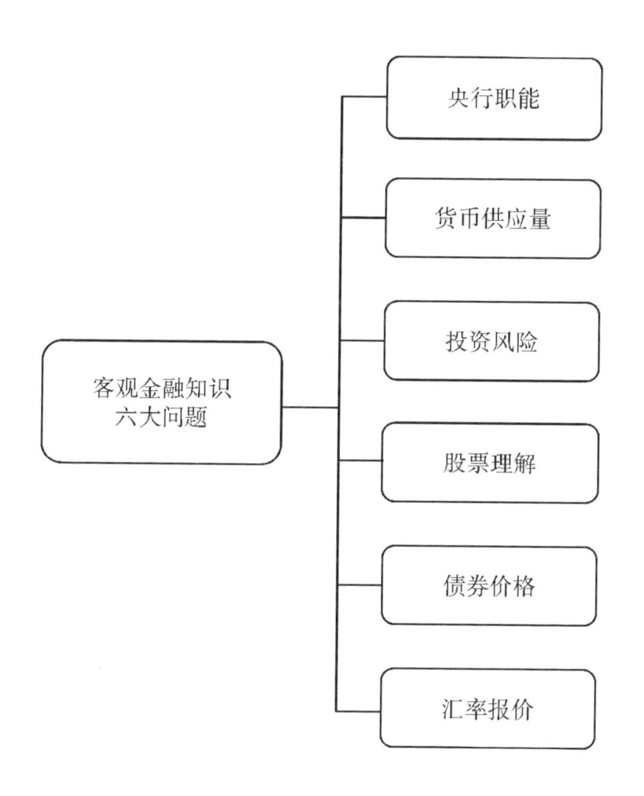

注释：

央行职能问题：哪个银行对金融体系负有管理职能？

货币供应量问题：如果降低商业银行的存款准备金率，整个经济中的货币供应量会？

投资风险问题：分散化投资能降低风险吗？

股票理解问题：持有某公司股票在长短期分别意味着？

债券价格问题：利率下降后，债券价格将会？

汇率报价问题：银行网点人民币兑美元的外汇报价为：6.321 5～6.322 0 元/美元，哪个是指美元买入价？

附录 C　CFPS 中金融知识的划分

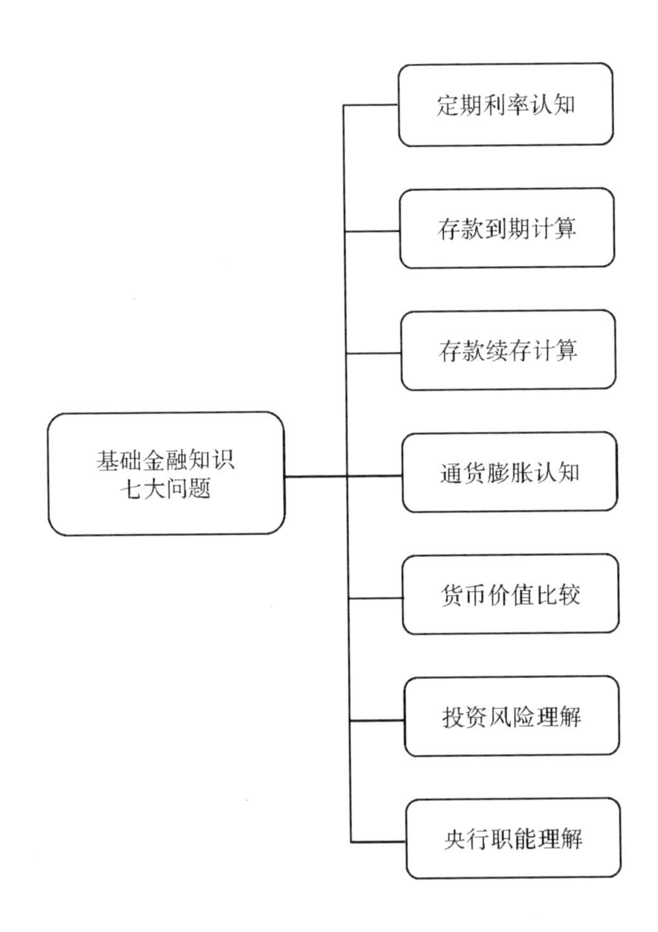

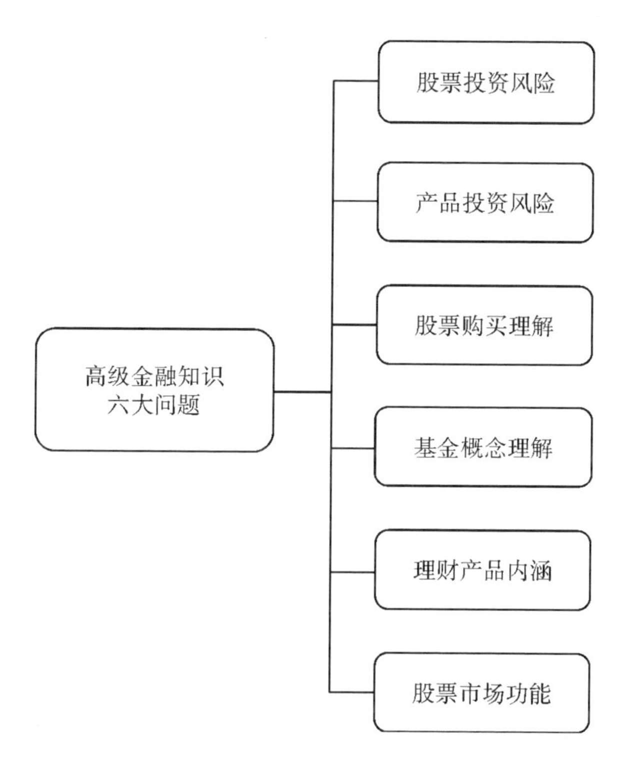

基础金融知识注释：

定期利率认知问题：银行 1 年期定期存款利率大概为？

存款到期计算问题：已知定期存款的本金与银行的年利率，计算到期后的本息和。

存款续存计算问题：上题中的存款到期后再存一年定期，计算一年后的本息和。

通货膨胀认知问题：已知银行的年利率与年通货膨胀率，比较今天与一年后的货币购买力。

货币价值比较问题：比较今天继承 10 万元与三年后继承 10 万元的继承价值。

投资风险理解问题：高收益的投资是否具有高风险？

央行职能理解问题：哪个银行具有制定和执行货币政策的职能？

高级金融知识注释：

股票投资风险问题：比较投资单一股票与投资股票型基金的风险。

产品投资风险问题：比较银行存款、国债、股票、基金的投资风险。

股票购买理解问题：购买了某公司的股票意味着?

基金概念理解问题：考察对基金概念（投资标的、基金净值等）的理解。

理财产品内涵问题：考察对银行理财产品的风险与收益的理解。

股票市场功能问题：股票市场的核心功能是?

附录 D　第 6 章金融知识问题的因子分析结果

Panel A						
因子	Factor1	Factor2	Factor3	Factor4	Factor5	Factor6
特征值	3. 042	1. 228	0. 835	0. 542	0. 269	0. 081
比重	0. 507	0. 204	0. 139	0. 090	0. 045	0. 013
累计	0. 507	0. 711	0. 851	0. 942	0. 987	1. 000

Panel B							
因子	Factor1	Factor2	Factor3	Factor4	Factor5	Factor6	Overall
KMO	0. 738 3	0. 708 0	0. 755 4	0. 747 0	0. 601 8	0. 611 0	0. 671 7

附录 E　第 7 章金融知识问题的因子分析结果

Panel A						
因子	Factor1	Factor2	Factor3	Factor4	Factor5	Factor6
特征值	2. 862	1. 269	0. 866	0. 579	0. 294	0. 126
比重	0. 477	0. 211	0. 145	0. 096	0. 049	0. 022
累计	0. 477	0. 688	0. 833	0. 929	0. 978	1. 000

Panel B							
因子	Factor1	Factor2	Factor3	Factor4	Factor5	Factor6	Overall
KMO	0. 719	0. 688	0. 710	0. 719	0. 591	0. 602	0. 654